U0160179

「联创世纪
LINCREATION」

移动互联网运营
"1+X"证书制度系列教材

移动互联网运营（初级）

曾令辉 赵旭 倪海青 主编
联创新世纪（北京）品牌管理股份有限公司 组编

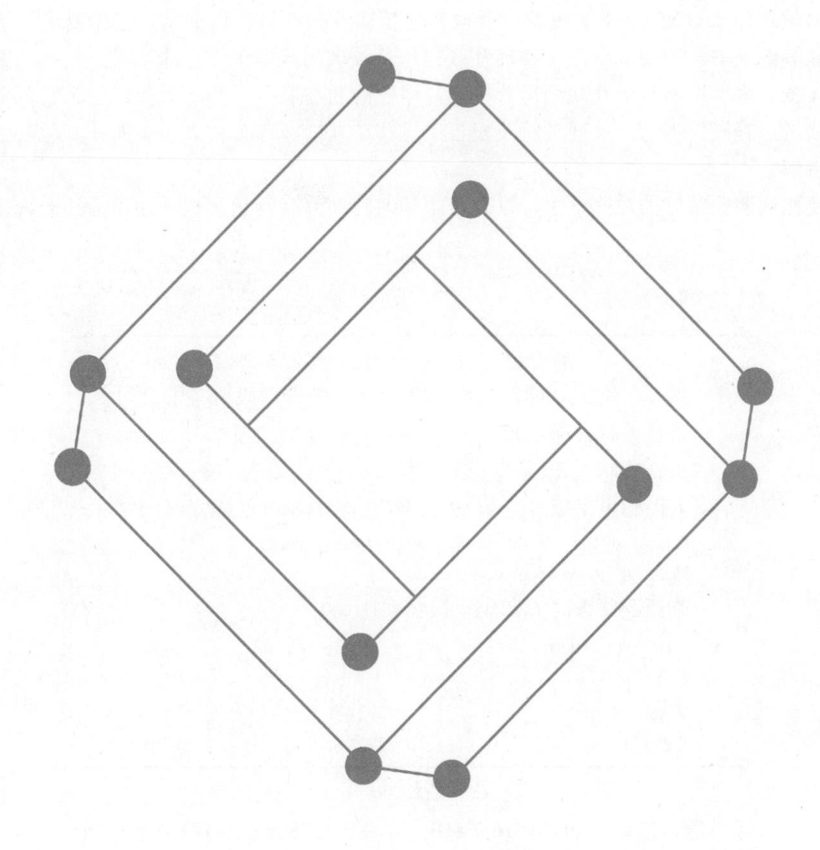

人民邮电出版社
北京

图书在版编目（CIP）数据

移动互联网运营 : 初级 / 曾令辉, 赵旭, 倪海青主编 ; 联创新世纪（北京）品牌管理股份有限公司组编. -- 北京 : 人民邮电出版社, 2021.9
移动互联网运营“1+X”证书制度系列教材
ISBN 978-7-115-57099-4

Ⅰ. ①移… Ⅱ. ①曾… ②赵… ③倪… ④联… Ⅲ. ①移动网－运营管理－职业培训－教材 Ⅳ. ①TN929.5

中国版本图书馆CIP数据核字(2021)第160820号

内 容 提 要

本书根据教育部“1+X”证书制度移动互联网运营职业技能等级证书试点工作要求，结合《移动互联网运营技能等级证书》细则，介绍了移动互联网运营领域的基本工作方法。

全书共4章，内容包括移动互联网运营概述，用户沟通与服务，活动运营，生活服务平台基础运营等。为方便读者进行操作训练，系列教材还配备了《移动互联网运营初级（实训）》，以更好地结合实际业务进行讲解。

本书主要面向职业院校的在校学生，以及希望学习移动互联网运营相关知识的社会人士。

◆ 主　　编　曾令辉　赵　旭　倪海青
　组　　编　联创新世纪（北京）品牌管理股份有限公司
　责任编辑　颜景燕
　责任印制　王　郁　彭志环

◆ 人民邮电出版社出版发行　　北京市丰台区成寿寺路11号
　邮编　100164　　电子邮件　315@ptpress.com.cn
　网址　https://www.ptpress.com.cn
　临西县阅读时光印刷有限公司印刷

◆ 开本：800×1000　1/16
　印张：9.5
　字数：181千字　　　　2021年9月第1版
　印数：1 – 3 000册　　　2021年9月河北第1次印刷

定价：59.90元

读者服务热线：(010)81055410　印装质量热线：(010)81055316
反盗版热线：(010)81055315
广告经营许可证：京东市监广登字20170147号

移动互联网运营“1+X”证书制度系列教材编委会名单

总 序 FOREWORD

20 世纪 60 年代，加拿大人马歇尔·麦克卢汉提出了“地球村”（global village）概念。在当时，这富有诗意的语言更像是个浪漫比喻，而不是在客观反映现实：虽然电视、电话已开始在全球普及，大型喷气式客机、高速铁路也大大缩短了环球旅行时间，但离惠及全球数以十亿计的普通人，让地球真正成为一个“村落”，似乎还有很长的路要走。

但最近 30 年来，特别是进入 21 世纪以后，“地球”成“村”的速度远远超过了当初人们最大胆的预估：互联网产业飞速崛起，智能手机全面普及，人类社会中个体之间连接的便利性前所未有地增强；个体获取信息的广度和速度空前提升，一个身处偏僻小村的人，也可以通过移动互联网与世界同步连接；信息流的改变，也同步带来了物流、服务流以及资金流的改变，这种改变对各行各业的原有规则、利益格局、分配方式都产生了不同程度的冲击。今天，几乎所有行业，尤其是服务业，都在与移动互联网、新媒体深度结合，这种情景，就像当初蒸汽机改良、电力广泛使用对传统产业的影响一样。

作为一名从 20 世纪 90 年代初就专业学习并研究新闻传播学的教育工作者，我全程经历了最近 30 年互联网对新闻传播领域的冲击和改变，深感我们的教育工作应与移动互联网、新媒体实践深入结合之紧迫性和必要性。

首先，学科建设与产业深度融合的紧迫性和必要性大大增强了。

在以报刊、广播电视为主要传播渠道的时代，我们用以考察行业变迁、开展教学研究的时间可以是几年或十几年；而在移动互联网、新媒体广泛应用后，这个时间周期就显得有些长了。几年或十几年的时间，移动互联网、新媒体领域已是“沧海桑田”：现在最流行的短视频平台，问世至今才 4 年多；已经实现全中国覆盖的社交网络，只有 10 年的历史；即便是标志着全球进入移动互联时代的智能手机，也是 2007 年才正式发布的。移动互联网、新媒体领域的从业人员普遍认为他们一年所经历的市场变化，相当于传统行业 10 年的变化。

这种情况给教学研究带来了新的挑战和机遇，它需要我们这些教育工作者不断拥抱变化，时时学习实践最新产品，与产业深度融合。唯有如此，才能保持教研工作的先进性和实践性，才能赋能于理论研究和课堂教学，才能真正提升学生的理论水平和实践能力。

其次，跨学科、多学科教学实践融合的紧迫性和必要性大大增强了。

传统行业与移动互联网、新媒体的紧密结合，是移动互联时代的显著特征。如今，无论是国家机关、企事业单位，还是个体经营的小餐馆，其日常传播与运营推广都离不开移动互联应用：为了更好地传播信息、拓展客户，他们或开通微信公众号，或接入美团和饿了么平台，或在淘宝、京东开店，或利用抖音、快手获客，而熟悉和掌握这些移动互联网和新媒体平台运营推广技巧的人，自然也成了各行各业都希望获得的人才。

这样的人才是新闻传播学科来培养，还是市场营销学科来培养？是属于商科、文科还是工科？实事求是地说，我们现在的学科设置还不能完全适应市场需求，要培养出更多经世致用的人才，需要在与产业深度融合的基础之上，打破学科设置方面的界限，在跨学科、多学科融合培养方面下工夫，让教学实践真正服务于产业发展，让学生们能真正学以致用。

要实现学校教育与移动互联网、新媒体实践深入结合，为学习者赋能，满足社会需要，促进个人发展，并不容易。这些年来，职业教育领域一直在提倡“产教融合”，希望通过拉近产业与教育、院校与企业的距离，让职业院校学生有更多更好的工作机会。从目前情况来看，教育部从 2019 年开始在职业院校、应用型本科高校启动的“学历证书 + 若干职业技能等级证书”（简称为“1+X”证书）制度试点工作，鼓励着更多既熟悉市场需求又了解教育规律，能够无缝连接行业领军企业与职业院校，使双方均能产生“化学反应”的、专业的职业教育服务机构进入这一领域，并发挥积极作用。

在我看来，开发移动互联网运营与新媒体营销这两种职业技能等级标准的联创新世纪（北京）品牌管理股份有限公司（后文简称“联创世纪团队”），就是在“1+X”证书制度试点工作中出现的杰出代表。如前所述，移动互联网和新媒体时代的运营、营销和推广技能，应用范围广、适用就业岗位多、市场需求大，已成为新时代经济社会发展进程中的必备职业技能。而职业院校，甚至整个高等教育领域，在移动互联网运营和新媒体营销教学和实践方面目前还存在短板，难以满足学生和用人单位日益增长且不断更新的需求。要解决这个问题，首先要对移动互联网运营和新媒体营销这两个既有区别又有紧密联系，而且还在不断变化演进中的职业技能进行通盘考虑和规划，整体开发两个标准，这样会比单独开发其中一个标准更全面，也更有实效。在教学实践中，哪些工作属于移动互联网运营？什么技能应划到新媒体营销？开发团队分别以“用户增长”和“收入增长”作为移动互联网运营和新媒体营销的核心要素，展开整个职业技能图谱，应该说是抓住了“牛鼻子”。在此基础上，开发好这两个职业技能等级标准、做好教学与实训，至少还需要具备以下两个条件。

第一，移动互联网也好，新媒体也好，都是集合概念，社交媒体、信息流产品、电子商务平台、生活服务类平台、手机游戏，等等，都是目前移动互联网的主要平台，而它们由于产品形态、用户用法、盈利模式、产业链构成都各不相同，因此各自涉及的传播、运营、推广、营销业务也各有特色。这就需要职业技能等级标准的开发者、教材的编写者具备上述相关行业较为深厚的工作实践，熟谙移动互联网运营和新媒体营销的基础逻辑和规则，又掌握各个平台的不同特点和操作方法。

第二，目前，对移动互联网运营、新媒体营销人才的需求广泛而多层次：新闻媒体有需要，企业的市场推广部门也需要；中央和国家机关、事业单位为了宣传推广，有这方面的需求；个体经营者和早期创业团队为了获客、留客也需要。这些单位虽然性质不同、规模不同、需求层次不同，但累加的岗位需求量巨大，以百万千万计，这是学生们毕业求职的主战场。要满足岗位需求，就需要准确把握上述企事业单位的实际情况，有针对性地为学生提供移动互联网运营和新媒体营销的实用技能和实习实训机会。

呈现在读者面前的移动互联网运营和新媒体营销系列教材，就是由具备上述两个条件的联创世纪团队会同字节跳动、快手、新华网、光明网等行业领军企业的高级管理人员，与入选“双高计划”的多所职业院校的一线教师，共同编写而成。

值得一提的是，教材的组织编写单位和作者们，对于“快”与“慢”、“虚”与“实”有较深的理解和把握：一方面，移动互联时代，市场变化“快”、技能更新“快”，但教育是个“慢”的领域，一味图快、没有基础、没有沉淀是不能长久的；另一方面，职业技能必须要“实”，它来自于实际，要实用，但要不断提升技能的话，也离不开“虚”的东西，离不开来自实践的方法提炼和理论总结。

教材的组织编写单位正尝试着用移动互联网和新媒体的方式，协调“快”与“慢”、“虚”与“实”的问题，他们同步开发的网络学习管理系统、多媒体教学资源将与教材同步发布，并保持实时更新，市场上每个季度、每个月的运营和营销变化，都将体现在网络学习管理系统和多媒体教学资源库中。考虑到移动互联网和新媒体领域发展变化之迅速，可想而知这是一项很辛苦，也很难的工作，但，这是一项正确而重要的工作。

如今，移动互联网和新媒体正深刻改变着各行各业，在国民经济和社会发展中发挥着越来越重要的作用，与之相关的职业技能学习与实训工作意义大、影响范围广。人民邮电出版社经过与联创世纪团队的精心策划，隆重推出该系列教材，很有战略眼光和市场敏感性。在这里，我谨代表编委会和全体作者向人民邮电出版社表示由衷的感谢。

中国职业教育的变革洪流浩浩荡荡，移动互联时代的车轮滚滚向前。移动互联网运营和新媒体营销这两种职业技能的“1+X”证书制度系列教材，及与之同步开发的网络学习管理系统、多媒体教学资源，会为发展大潮中相关职业技能人才的培养训练做出应有的贡献。这是所有参与编写出版的同仁们的共同心愿。

周易

2021年1月

前言 PREFACE

近年来，移动互联网产业蓬勃发展，已成为国民经济的重要组成部分，基于移动互联网技术、平台发展起来的移动互联网相关产业正在深刻改变着各行各业。第 47 次《中国互联网络发展状况统计报告》的数据显示，截至 2020 年 12 月末，我国网民规模达到 9.89 亿，其中手机网民规模达到 9.86 亿。随着 5G、大数据、人工智能等技术的发展，移动互联网已经渗透到人们生活的各个方面。

随着移动互联网企业的竞争加剧以及传统产业和移动互联网融合的加深，运营人才的重要性将进一步提升。自《中华人民共和国职业分类大典（2015 年版）》颁布以来，截至 2020 年我国已发布 3 批共 38 个新职业。其中，在 2020 年发布的两批 25 个新职业中，就包括“全媒体运营师”“互联网营销师”两个新职业，足见基于互联网、新媒体的运营和营销工作之新、之重要。

为满足移动互联网产业快速发展及运营人才增长的需求，教育部将移动互联网运营设为“1+X”证书制度试点，并联合联创新世纪（北京）品牌管理股份有限公司等企业制订了《移动互联网运营职业技能等级标准》。“1+X”证书制度即在职业院校实施“学历证书 + 若干职业技能等级证书”制度，由国务院于 2019 年 1 月 24 日在《国家职业教育改革实施方案》中提出并实施。职业技能等级证书（即 X 证书）是“1+X”证书制度设计的重要内容。该证书是一种新型证书，其“新”体现在两个方面：一是 X 与 1（即学历证书）是相生相长的有机结合关系，X 要对 1 进行强化、补充；二是 X 证书不仅是普通的培训证书，也是推动“三教”改革、学分银行试点等多项改革任务的一种全新的制度设计，在深化办学模式、人才培养模式、教学方式方法改革等方面发挥重要作用。

为了帮助广大师生更好地把握移动互联网运营职业技能等级认证要求，联创新世纪（北京）品牌管理股份有限公司联合《移动互联网运营职业技能等级标准》的起草单位和职业教育领域相关学者成立“移动互联网运营‘1+X’证书制度系列教材编委会”，根据《移动互联网运营职业技能等级标准》和考核大纲，组织开发了移动互联网运营“1+X”证书制度系列教材。该系列教材分为初级、中级和高级3个等级，每个等级又根据理论和实际操作两个侧重点分为两本书，其中，初级教材包括《移动互联网运营（初级）》《移动互联网运营实训（初级）》。

本书为《移动互联网运营（初级）》，根据《移动互联网运营职业技能等级标准》中对初级技能的要求开发。本书共4章，分别是移动互联网运营概述、用户沟通与服务、活动运营、生活服务平台基础运营。其中，第1章移动互联网运营概述，介绍了移动互联网运营的概况以及知识地图，帮助学习者掌握移动互联网运营知识的整体脉络；第2章用户沟通与服务、第3章活动运营，是运用范围非常广泛的两大项移动互联网运营技能，学习者从这两章入手，可以更顺利地打开初级运营的大门；第4章生活服务平台基础运营，首先介绍了近十年来基于移动互联网快速发展起来的生活服务平台及行业概况，其次重点介绍了运营人才需求量最大的外卖平台和酒旅平台，讲解了这两大领域的初级运营技能。在上述每章的学习完成后，均安排有配套的课后练习题，帮助学习者掌握该模块的重点知识。

我们深知，职业技能的掌握重在实际操作。为了更好地推动“移动互联网运营职业技能等级证书”的考核工作，我们推出了网站 www.1xzhengshu.com，实时发布关于证书的相关要求，供学习者使用。

本书适合作为职业院校、应用型本科院校，以及各类培训机构的移动互联网运营相关课程的教材。移动互联网运营作为一项职业技能，始终在不断更新发展之中，欢迎广大学习者和行业、企业专家对我们编写的教材提出宝贵的意见和建议。

移动互联网运营“1+X”证书制度系列教材编委会

目 录 CONTENTS

第1章 移动互联网运营概述

本章重点

- 移动互联网运营的四大主要职能。
- 移动互联网运营人员所需的基本素质。
- 移动互联网产品的类型。
- 不同类型移动互联网产品的运营要点。
- 移动互联网运营的主要方法。

知识导图

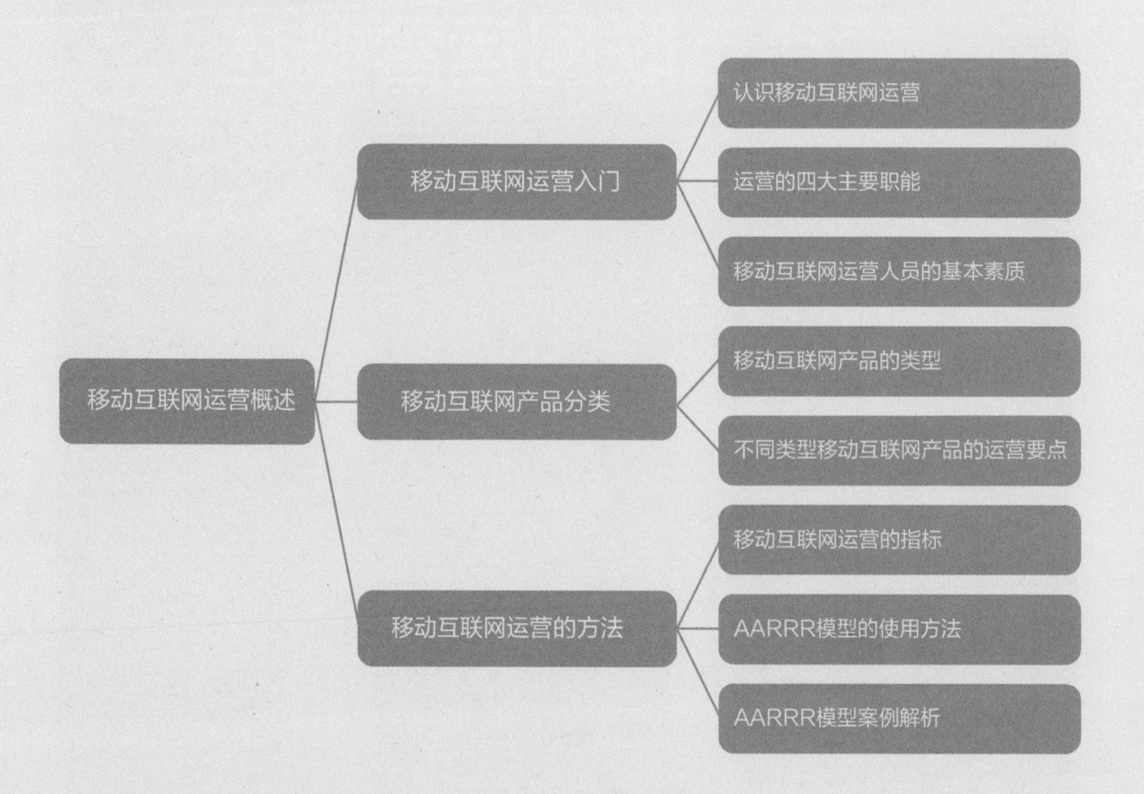

1.1 移动互联网运营入门

引导案例

小张在一家民宿工作，主要负责民宿线下的维护、接待客户入住、响应客户需求，并监督卫生人员是否完成清洁工作。这家民宿只有 10 个房间，随着生意越来越好，房间数量提升到了 25 间。

不过，房间供应量提高了，客人数量却没有同比例增加，一部分房间长时间空置。老板希望提升自己店铺在民宿平台的预订数量，将小张派到运营部门。小张此前没有这方面的工作经验，遇到了不小的困难，经常加班到深夜却依然不能完成工作。此时，小张特别希望有经验的前辈可以指导一下自己。

那么，运营到底是什么？移动互联网运营工作有哪些？运营人员需要具备什么能力？又该如何提升自己？

1.1.1 认识移动互联网运营

在移动应用、社交媒体账号等移动互联网产品从策划、上线、发展、成熟到衰落的过程中，除了产品设计开发外，持续运营也至关重要，它与产品生命周期休戚相关。

“移动互联网运营”有两种含义：一是指利用移动互联网进行的运营工作；二是指相关企业中的移动互联网运营岗位。

运营部门的运营工作，主要的职责包括查看产品的各项数据，了解现状，通过编辑内容、发布活动来了解用户并想办法促使他们喜爱和使用产品。为了完成上述工作，运营部门设置的岗位通常包括内容运营、活动运营、用户运营、数据运营和新媒体运营等。

不同企业的规模不同、发展阶段不同，运营部门的岗位设置也不尽相同，小企业的运营人员可能身兼多职，而大企业的运营人员则更加专注在一个职能上。但无论如何变化，运营都会包括 4 个主要职能：**内容运营、用户运营、活动运营、产品运营**，如图 1-1 所示。

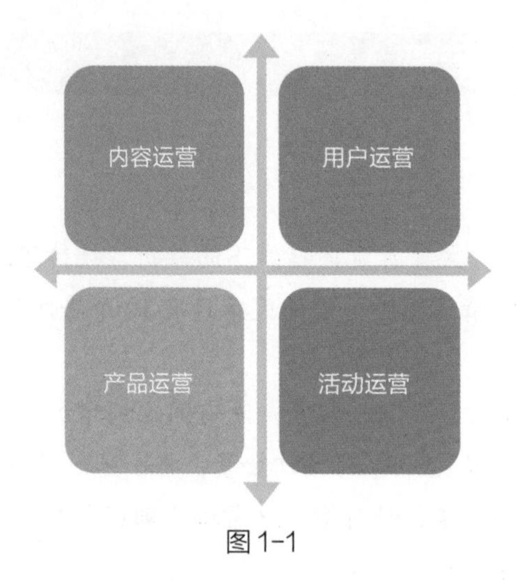

图 1-1

1.1.2 运营的四大主要职能

运营的职能主要分为内容运营、用户运营、活动运营、产品运营，接下来将进行逐一介绍。

1. 内容运营

内容运营的工作核心是从内容生产的角度出发，围绕着内容生产和消费搭建正向的循环，不断提升各类与内容相关的数据，如内容数量、内容浏览量、内容互动数、内容传播数等。内容的展现方式和质量，会对内容运营效果产生巨大的影响。内容运营涉及多方面，至少包括如下 4 部分，如图 1-2 所示。

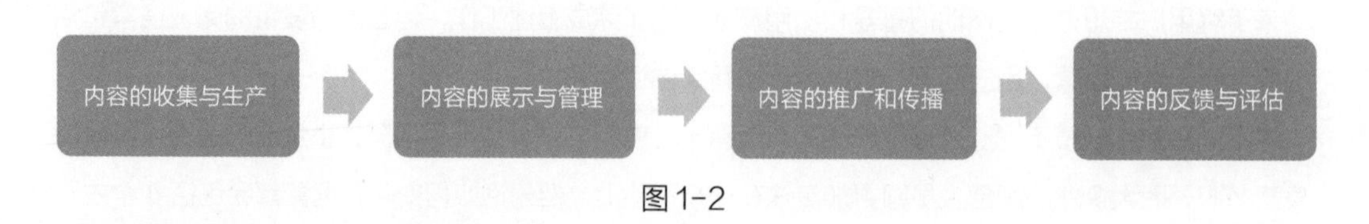

图 1-2

（1）内容的收集与生产。

内容的收集与生产解决的主要问题是要生产什么内容，内容给谁看，这些内容长期从哪里来等。

（2）内容的展示与管理。

内容的展示与管理解决的主要问题是内容应该通过什么样的方式进行展示，如何组织管理等。

（3）内容的推广和传播。

内容的推广和传播解决的主要问题是内容如何进行传播，可以采用何种内容推广方式，能否实现自传播等。

（4）内容的反馈与评估。

内容的反馈与评估解决的主要问题是内容传播的效果如何，指标是否达到预期，如何进行调整等。

2. 用户运营

用户运营的工作核心是在理解用户的基础上，创建用户模型，以通过移动互联网产品（平台）获取用户、促进活跃度、提升留存率为目标，依据用户需求，持续提升与用户增长有关的各类数据，如用户数、活跃用户数、用户停留时间等。在具体操作层面，用户运营工作可以从新用户获取、用户活跃度、用户留存量和流失用户召回等 4 方面来考量。

（1）新用户获取。

新用户获取是为产品或平台带来新用户。新用户获取的方式多种多样，可以根据自身产品或平台的用户群体定位情况进行渠道推广。

值得注意的是，在新品或新功能刚刚上线的阶段，需要注意控制新用户获取的范围和力度。因为新品或新功能在初始阶段经常会有较大幅度的调整，此时如果新用户流入过多过快，往往会造成负面评价的广泛传播，给未来的推广增加难度。所以，在新品或新功能正式发布前后，有经验的运营管理者会选择特定的用户群体试用产品，并根据试用反馈情况逐步调整试用用户群体的数量，通过渐进的、“小步快跑”式的市场检验扩大新用户获取的范围和力度。待新品或新功能基本定型之后，再大规模地获取新用户，而不是甫一推出新品或新功能就一味地追求快速获取新用户。

（2）用户活跃度。

不同类型的移动互联网产品，在不同时期对用户活跃度的定义和需求是不同的：如果一位微信用户，连续两个星期都没有打开微信，那么基本上可以认定该用户这段时期并不活跃；但一位携程的用户，如果连续两个星期没有打开携程，则很难被认定为不活跃。这是因为，微信具有很强的社交和通信属性，属于高频次需求产品，而携程往往用来订购或查阅机票、酒店信息，属于工具类应用产品，是低频次需求产品。

同一移动互联网产品或平台，对于不同用户的活跃度也需要有精准的认知，比如同样是在美团点评或饿了么平台上，有的用户几乎每个工作日都会有订餐需求，而有的用户则是只有在周末才有订餐需求，这两种用户都可以视为平台的活跃用户，但其需求是有明显差别的，促进其活跃的手段也应有所不同。

目前，各大移动互联网产品或平台都在用技术手段对海量用户的行为数据进行动态分析，其目的就在于更为精准地洞察用户需求，为用户提供分门别类，甚至“量身定制”的运营服务，以保持并促进其活跃度。

（3）用户留存量。

一个移动互联网产品或商家，有多少新增用户能留存下来？能留存多久？用户留存量体现了这个产品或商家的功能价值。运营人员需要通过对新增用户的来源进行分析，并按日、周、月等时间周期对用户留存情况进行考察，来分析自然新增用户的留存情况以及通过不同渠道和不同活动拉动的新增用户的留存情况等，要用数据说话。对于用户留存情况的考量，是较能体现运营人员数据收集整理和分析判断能力的一个环节。

（4）流失用户召回。

造成用户流失的原因有很多，比如移动互联网产品或商家的服务已无法满足用户需求、用户兴趣和习惯的变化，用户关系链或好友整体迁移、竞品的出现等。当一部分曾经活跃的用户因为各种原因成了“沉默用户”时，运营人员要通过某种方式对他们产生影响，进而将他们召回，使他们重新成为活跃用户。

一般来说，流失用户召回的时机非常重要。如果产品或平台有新功能上线、新优惠推出、新内容受到欢迎，运营人员就可以根据对“沉默用户”的数据分析，针对性地发起“召回”活动的推送和邀请，让用户感受到这些“新”变化，增加其从“沉默”变为“留存”的可能性；如果用户被“召回”之后，感受不到产品或平台的任何新变化，“召回”的效果就不会太好。

3. 活动运营

活动运营，是指运营人员通过组织活动的方式，在短期内快速提升既定的数据指标。因此，进行活动运营时首先要明确具体需要提升哪些数据指标，要将数据指标提升到何种程度；其次，要掌握不同的活动形式，找出最适合提升数据指标的活动。在此基础之上，有效地完成活动策划、开发测试、宣传推广、效果评估等工作。

按照时间顺序，活动运营可以从活动前、活动中和活动后 3 个阶段进行把控，如图 1-3 所示。

（1）活动前。

明确活动目的，开展活动策划，进行活动筹备并测试上线。

（2）活动中。

统筹活动的人、财、物，高效执行，预判活动的潜在风险并实时预防。

（3）活动后。

及时复盘总结，梳理出可复用的经验。

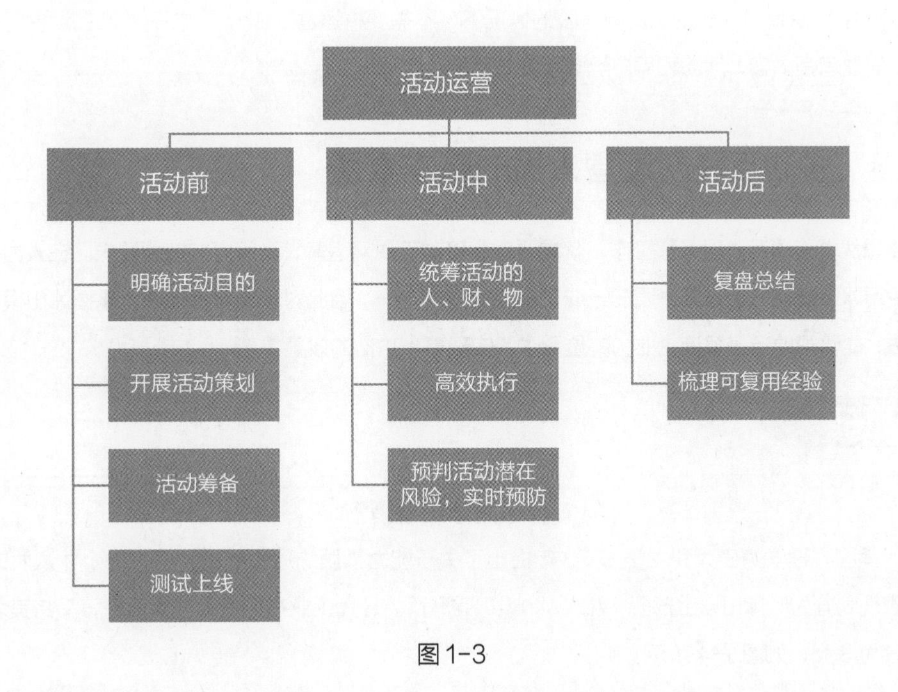

图1-3

4．产品运营

产品运营既是一个总称，也是一项具体的职能，因此容易引起误解。首先，在日常沟通中，所有围绕产品的运营都可以简称为“运营”或者“产品运营”。对于不了解移动互联网运营工作的人士，使用“产品运营”指代全部的运营工作甚至已经成为一种约定俗成的说法。其次，在具体的运营工作中，“产品运营”是很多企业会设置的一个岗位，承担具体的职责，这里重点介绍这一层面的含义。

产品运营是指综合运用内容运营、用户运营和活动运营等多种手段，去提升产品的特定数据指标，比如新用户数、活跃用户数、付费转化率等。产品运营是一项综合性较强的工作，难度系数比单独的内容运营、用户运营和活动运营要高，需要在掌握上述3项具体工作方法的基础之上才能有效地进行。

企业设置“产品运营”岗位，主要有以下2种情形。

（1）成熟型公司，已经具备成熟的产品体系，当一个成熟的产品开发了一个新的功能分支，就需要运营人员在一段时间内协调各种资源、做多种工作，负责提升新开发功能的相关数据指标。例如，在 2020 年，微信新推出视频号这一分支功能，就需要产品运营持续地关注并开展多种运营工作，提升视频号的各项数据指标。

（2）中早期公司，在企业资源有限的情况下，不需要将运营工作分得过细，“产品运营”的岗位实际上需要承担内容、活动和用户运营等多方面的工作。

1.1.3 移动互联网运营人员的基本素质

要想从事移动互联网运营工作，就需要掌握移动互联网运营人员所需的技能要求。在人力资源领域，使用**冰山模型**分析人才素质已经成了主流的方式之一，因此对于学习者来说，掌握冰山模型的分析方法，能够帮助自身解读企业的岗位需求，实现事半功倍的效果。

知识拓展

什么是冰山模型？

美国心理学家麦克利兰于 1973 年提出了关于能力素质的冰山模型，将人才个体素质的不同表现划分为“冰山以上部分”和“冰山以下部分”。现代企业在评估人才素质时，又将其表现划分为 3 类，如图 1-4 所示。

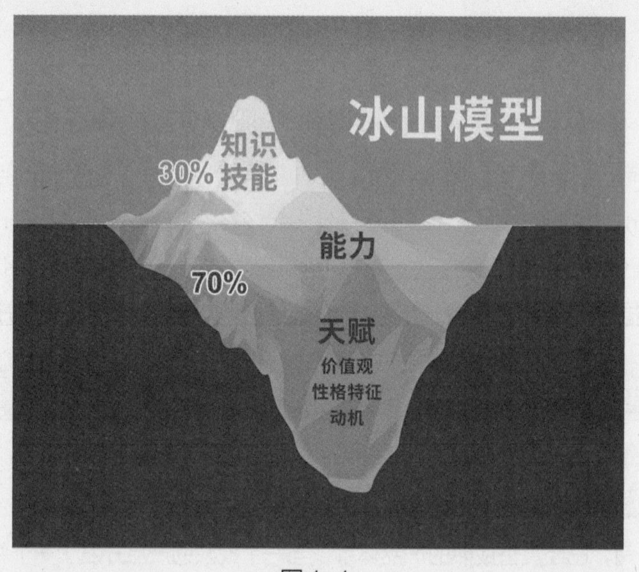

图 1-4

第一类是指知识、技能，在冰山最上面，也是容易了解与衡量的部分，能够通过培训来改变和发展，比如财务知识、人力资源知识、Excel 使用技能等。

第二类是能力，位于中间，一部分可以看见，一部分不可见。相对知识和技能来说，能力的培养周期长，相对隐性，需要通过仔细的行为观察才能判断，比如创新能力、表达能力等。

其中，能力跟知识技能最大的区别在于，知识和技能是属于特定领域的，而能力则更多属于通用领域。比如金融知识只能运用于与金融相关的领域，Excel 操作技能只能用于 Excel 软件的使用，但是“创新”的能力一旦掌握，能够在各个领域之间迁移应用。

第三类是完全处于冰山以下的部分，包括天赋、价值观、性格特征、动机等，是人内在的、难以测量的部分。它们不太容易通过外界的影响而改变，但却对人员的行为与表现起着关键性的作用。

要借助冰山模型进行人才素质分析，可以从知识、技能和能力等层面进行。完全处于冰山以下的天赋、性格特征等尽管非常重要，但是由于与个人特性相关度较高，无法轻易改变，因此本书不涉及。

移动互联网运营的工作人员需要掌握的基本素质，具体包括以下 3 方面，如图 1-5 所示。

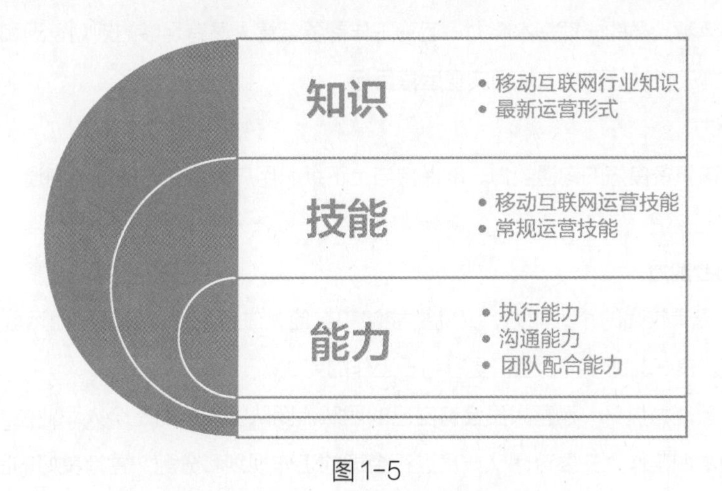

图 1-5

1. 知识

（1）移动互联网行业知识。

移动互联网行业知识，具体包括移动互联网产品的主要类型、各个类型的代表产品等。移动互联网运营人员需要了解这些代表产品的功能和用途，知晓不同类型产品之间用户群体的差异。

（2）最新运营形式。

运营是一个需要不断学习的工作，不同的移动互联网产品具有很多不同的运作方式，而且运作方式还在不断地更新迭代。因此在从事运营工作的过程中，运营人员需要不断关注优秀产品，学习最新的成功案例。

2. 技能

（1）移动互联网运营技能。

移动互联网运营技能具体包括移动互联网产品的操作技能和运营工具的使用方法。例如，从事微信公众号的内容运营工作，需要掌握微信公众号的后台操作技能，熟练运用平台提供的每个功能，甚至要学会借助第三方的编辑器、设计工具提高内容质量。比如从事美团外卖的运营工作，就需要掌握美团外卖后台及其各种相关工具的使用方法。

（2）常规运营技能。

常规运营技能包括但不限于文案编辑、图片制作、素材搜索、基本的数据收集和整理等。

3. 能力

（1）执行能力。

执行能力是运营人员的一项基本能力，运营工作需要运营人员有足够的规划管理和执行能力。运营人员要保证运营工作执行到位，从而实现运营目标。

（2）沟通能力。

运营人员应该具备良好的沟通能力，能保持与上下级、用户等协作方的顺畅沟通，使工作协同达到最佳效果。

（3）团队配合能力。

运营既需要具有较强的个人能力，又需要能够和其他人进行配合，包括其他运营人员、产品人员、商务人员等。良好的团队配合意识更有利于工作的完成。

随着个人运营能力提升，运营人员会有自己的团队。团队管理能力是个人职业能力的一种提升，既要做好自己的本职工作，又要对团队成员进行合理的工作规划和分配，营造良好的团队工作氛围，并提升团队的凝聚力。

本课程会围绕移动互联网运营所需的行业知识、典型的运营形式、主流移动互联网平台的操作技能以及常规运营技能展开，方便大家在学习过程中了解运营所需的知识，熟练掌握运营技能。而在整个学习的过程中，大家要注重自身能力的培养，提高自身的执行能力和沟通能力，在与同学一起学习的过程中提升自己的团队配合意识。

直通职场

常见的运营岗位职责

企业需要什么样的人才，就会发布对应的岗位需求。通过了解企业的招聘需求，可以分析企业对人才的技能需求，提前为学习找准方向。

常规内容运营岗位职责如下。

（1）负责公司品牌、新媒体、营销活动的宣传文案撰写。

（2）独立完成微博、微信、小红书等平台的内容的选题和撰写。

（3）为社群整理提供所需的素材内容，包括文字、图片、视频等。

（4）配合团队完成品牌宣传、产品详情页等内容运营的文案创作。

（5）完成线上活动的创意、策划与执行工作。

（6）与其他运营岗位配合，负责公司品牌、产品营销、市场活动等相关内容文案的撰写、创意策划。

常规用户运营岗位职责如下。

（1）负责维护管理用户社群，并根据实际业务发展情况，不断优化、完善社群运营方法。

（2）每周至少策划 3 个引起社群讨论的话题和至少 1 个线上或线下活动，保持社群活跃度以及群黏性。

（3）制订社群运营策略，有阶段、有目的地经营和开发社群，将社群价值进行较大化的挖掘。

（4）负责通过社群活动使新用户在社群内沉淀，提升社群用户黏性，定期形成社群运营分析报表。

（5）策划撰写线上及线下活动方案，增加与用户互动的机会，提高社群品牌认知度与信任度。

（6）深度运营微信群并提高转化率。

常规活动运营岗位职责如下。

（1）负责公司商城活动更新和维护运营工作，包括活动策划、活动页面搭建、活动选品、活动上下架等。

（2）根据每月活动日历，配合制订商城的月度活动规划并执行，负责活动礼品的采买等。

（3）关注行业市场发展情况，根据市场和销售情况提供有效建议并制订合理的活动促销方案。

（4）负责展会的相关事宜。

常规产品运营岗位职责如下。

（1）负责对项目产品创意和产品卖点进行发掘和提炼，撰写产品广告文案、产品介绍等资料。

（2）负责项目定期专题、热点活动营销策划及推进工作。

（3）负责微博、微信运营策略的制订及执行，与网站相关部门配合，发布公司新动态信息，定期与用户互动。培养用户对于行业类型知识的兴趣，增加用户黏性。

（4）与其他团队成员共同工作，协调处理各项内外部产品运营事务。

知识总结

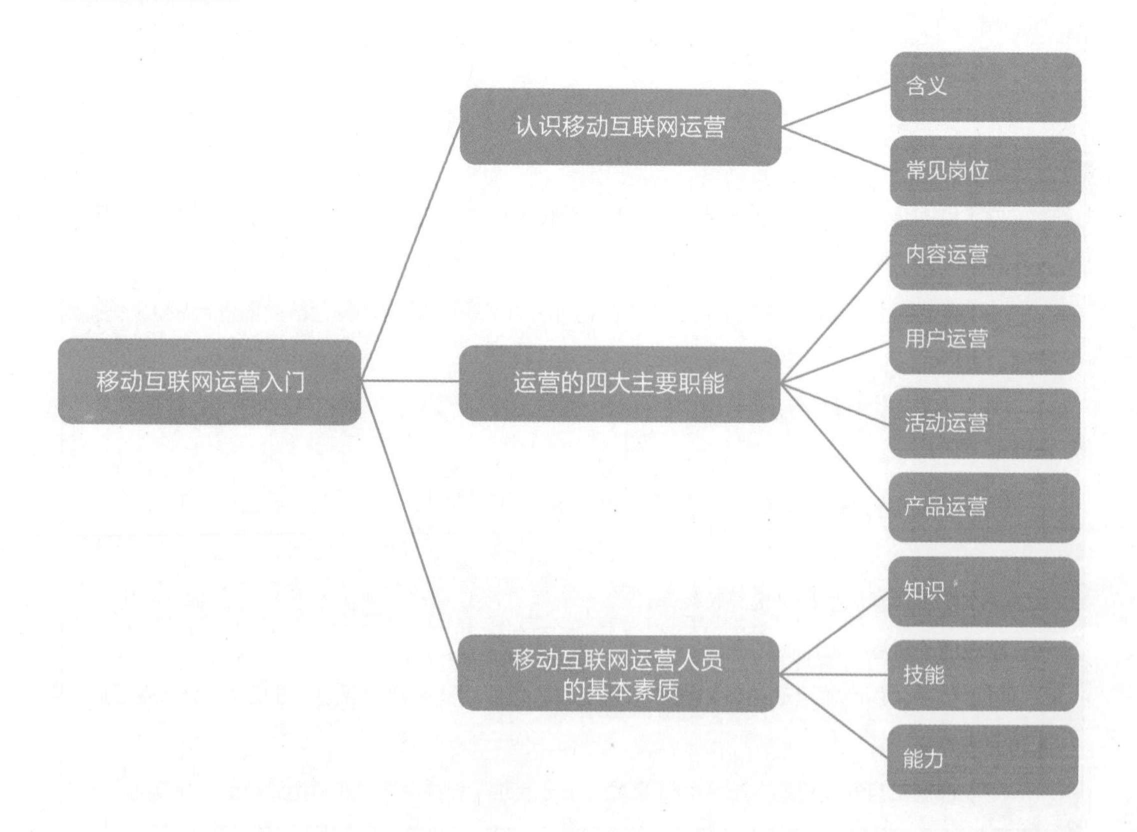

1.2 移动互联网产品分类

引导案例

有一个有趣的说法——手机被称为人的“第六器官”。

为什么会这么说？对于绝大部分人而言，手机成了生活必需品。有人减肥可以一天不吃饭，却很难有人可以坚持一天不用手机，衣、食、住、行等生活的方方面面都可以借助手机完成。

使用手机的一天可能是这样的——早晨，你在手机闹钟的铃声中醒来，起床后先查看微信消息和微信朋友圈，回完信息后开始洗漱，打开网易云音乐给自己播放起床音乐，唤醒自己的“灵魂”。可能今天刚好工作很忙，早饭都没吃的你匆匆忙忙打开高德打车，呼叫快车上班。通过高德地图导航，你知道今天有一段路特别堵，所以你准备上车之后让司机换条路走。平常不忙的时候，你会比较悠闲地下楼，在电梯里戴上耳机听喜马拉雅的音频节目，走出小区骑上共享单车去地铁站，在地铁站内安检完，你直接用支付宝刷二维码进了地铁。上班的路稍微有点远，你打开微信读书继续看自己还没看完的小说，看累了还会听听得到的讲座课程，提升自己。到了公司楼下，你拿出钉钉打卡，顺便在上楼的电梯里打开网易邮箱查看公司有没有最新通知。正式上班后，你用手机扫码登录了自己一系列手机应用的电脑版。

忙了一上午，你感觉自己累得不行，这时同事过来问你要不要一起点外卖，你们分别对比了一下美团外卖和饿了么上不同餐厅的价格，在抢了一个外卖红包后下单。吃完饭，你可能会趁着休息时间刷刷抖音或快手短视频。

下午下班，你和同事决定去聚餐。由于担心晚餐排队时间太长，聪明的你马上在大众点评上进行预约。吃饭的时候你和小伙伴都喜欢拍照合影，而女生拍完都要拿美图秀秀优化一下照片。吃完饭回家，辛苦一天的你觉得应该放松一下，于是打开了腾讯视频追剧，而你的朋友可能会在爱奇艺上看综艺。

周末在家休息，你发现家里需要添置新的生活用品，你会打开各类购物软件进行网购。

大家的一天不会完全一样，但是手机却成了每个人的必需品，你用各种移动互联网产品进行娱乐、休闲、工作。

普通用户只会用这些移动互联网产品，而要进入移动互联网运营领域工作的人，会如何看待这些产品呢？移动互联网产品有哪些类型？不同类型的移动互联网产品，运营的侧重点分别是什么呢？

1.2.1 移动互联网产品的类型

移动互联网产品跟其他产品一样，面向不同类型的用户，提供不同的服务。

根据所面对用户性质的不同，移动互联网产品可以分为面向消费者（to customer，又称 2C）和面向企业客户（to business，又称 2B）两大类。

根据提供服务的不同，移动互联网产品可以分为工具类、社交类、内容类、交易平台类和游戏类等 5 种类型，如图 1-6 所示。

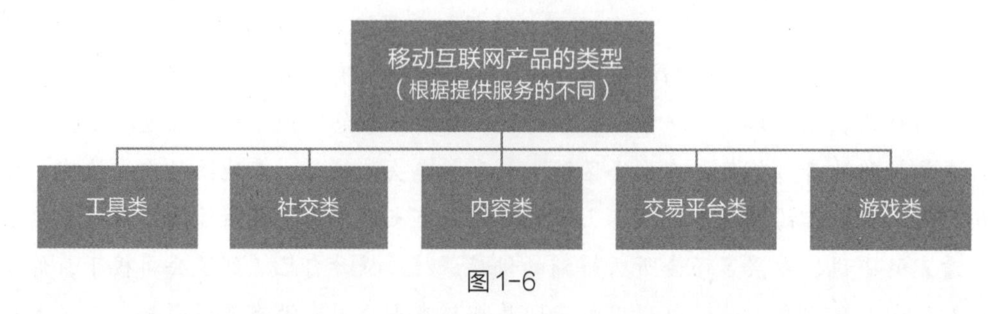

图 1-6

其中，交易平台主要是以电子商务为主的、能够撮合买方和卖方的平台。在移动互联网领域，电子商务可以分为实物类电子商务和服务类电子商务，前者的代表企业是淘宝、京东和拼多多等，而以服务类为主的电子商务在业界通常被称为生活服务平台，美团是其中的代表。

本书关于交易平台的介绍，主要侧重于生活服务平台。

典型案例

什么是移动互联网产品

必须指出的是，中国的移动互联网产品具有很强的综合性特点，一个用户量巨大的移动互联网产品可能同时包含上述 5 种类型的功能，比如微信就是一个综合性的产品。

微信提供的基本通信功能，主要是基于文本、图像和语音功能，分别相当于功能手机时代的短信、彩信和通话功能，具有工具类产品的特性；微信的朋友圈提供的是社交网络服务（social network service，SNS），与 QQ 空间以及国外的 Facebook 提供的服务是同一类，这又有社交类产品的属性；微信公众号主要提供内容创作、发布的功能，具有内容类产品的属性。微信还提供游戏的功能，例如“俄罗斯方块”“你比划我猜”等，具有游戏类产品的属性。

此外，微信还是一个交易平台，通过微信支付功能，用户可以使用购物、叫外卖、订票等一系列交易服务。值得一提的是，微信公众号的付费文章就具有交易属性，账号运营人员在发布文章时，可以设置用户必须花钱才能查看全文，这一功能和打赏的性质完全不同——购买属于交易，打赏则属于赠予。比如在苹果手机系统内，用户为一篇文章打赏，苹果公司是不收手续费的；但用户如果购买一篇文章的阅读权限，苹果公司则要收取 30% 的手续费，这和其他交易平台在苹果手机上的收费比例是完全一致的。

同时，“产品”一词本身也具有多种含义。一种来自用户视角，用户接触的一个完整服务被称为一个产品，例如在日常沟通中，微信就被称为一个产品，微信和 QQ 放在一起就是两个产品。但还有另外一种视角，从生产者或者工作人员的角度，一个功能就被称为一个产品。特别是在大型企业内部，一个团队甚至只负责其中一个具体的功能分支。以微信为例，微信公众号就是一个独立的产品，甚至微信“扫一扫”这个看似很小的功能，也有数十人的团队在维护。

根据提供服务的不同对移动互联网产品进行分类，各种类型的代表产品如下。

1. 工具类产品

工具类产品提供独立功能，解决用户某一类的具体需求。例如地图导航中的高德地图、百度地图，照片处理中的美图秀秀，文字输入中的搜狗输入法，天气预报中的墨迹天气等。

2. 社交类产品

社交类产品是用来满足用户社交需求的产品，可实现陌生人、熟人之间的沟通交流。例如以熟人社交为主的微信、QQ，以社会社交为主的微博，以职场社交为主的领英、脉脉等。

3. 内容类产品

内容类产品主要为用户提供信息内容服务，帮助用户获取信息。例如以新闻客户端为主的新华社客户端、人民日报客户端、腾讯新闻客户端、今日头条等，以社区形式为主的知乎、哔哩哔哩等，以长视频形式为主的腾讯视频、爱奇艺、优酷等，以音频为主的喜马拉雅等。

4. 交易平台类产品

交易平台帮助买卖双方达成交易，主要分为电子商务和生活服务平台两大类型。

其中，电子商务以实物交易为主，分为 B2B、B2C、C2C 三类。《电子商务概论（第 4 版）》[1] 对这三类电子商务进行了如下定义。

B2B（business to business）指企业（或商户，这里统称企业）对企业的电子商务，是企业与企业之间通过互联网或私有网络等现代信息技术手段，以电子化方式开展的商务活动。

B2C（business to consumer）指以互联网为主要手段，由企业通过网站向消费者提供商品和服务的一种商务模式，具体指通过信息网络，以电子数据流通的方式实现企业与消费者之间的各种商务活动、交易活动、金融活动和综合服务活动，是消费者利用互联网直接参与经济活动的形式。

C2C（consumer to consumer）指消费者与消费者之间通过互联网进行个人交易的电子商务模式。C2C 电商平台是为买卖双方提供在线交易中介平台。在该类平台的支持下，卖方可以自主进行商品的网上展示与销售；而买方可以自行选择商品、购买付款或以竞价方式在线完成交易支付。目前，我国的 C2C 电商平台主要有淘宝网等。

生活服务平台以服务交易为主，通常要连接线上与线下，比如美团、携程、爱彼迎等。

5. 游戏类产品

电子游戏属于比较特殊的一类产品，一款大型游戏产品可能同时兼具内容、社交和交易平台等属性。电子游戏的分类方式很多，大多数是在发展过程中约定俗成的，并没有一个非常明确的标准。

从载体上看，主要分为 5 种：家用游戏机、掌上游戏机、街机、电脑游戏，以及手机游戏。

从内容要素上看，游戏可以分为动作类、冒险类、策略类、益智类和经营管理类。

而其中手机游戏还可以进一步细分，以苹果 App Store 对游戏的分类为例，可以分为策略、动作、儿童、家庭聚会、角色扮演、竞速、卡牌、冒险、模拟、体育、问答、休闲、益智解谜、音乐、桌面、字谜和 AR 游戏等。

1.2.2 不同类型移动互联网产品的运营要点

产品类型不同，运营的方法和策略也完全不同，在开展移动互联网运营工作的过程中，需要掌握几种主要产品类型的运营要点。

1 白冬蕊，岳云康，电子商务概论（第 4 版）[M]．北京：人民邮电出版社，2019.

1. 工具类产品运营要点

工具类产品的典型应用场景是用户需要解决某一类问题。产品作为工具，要便于得到、便于上手操作、能迅速解决问题，核心是“方便”（效率维度）和“好用”（质量维度）。例如，一款优秀的搜索引擎，要在尽可能短的时间内提供尽可能精确的搜索结果；一款优秀的导航应用，要能够实时地提供准确的路线和路况。

工具类移动互联网产品的运营，应该围绕着提升用户使用效率和服务质量 2 个维度展开，为此，除了主功能外，还会提供一些铺助功能，作为产品功能的延伸。

例如，搜索类的移动互联网产品运营，往往会根据用户搜索行为的数据分析，给用户提供搜索排行、热门信息等相关推荐；导航类的移动互联网产品运营，会主动向用户推送目的地附近的停车场、加油站、餐厅等信息，也会向用户提供实时路况和天气信息；天气预报类的移动互联网产品运营，会给用户推荐“时景”、穿衣洗车指数等；美颜修图类移动互联网产品运营，会推荐一些功能和技巧的示范样例、操作指引等。

2. 社交类产品运营要点

社交类产品的基础是人与人之间的社交关系。社交关系亲密程度的不同，会导致社交行为的差异：比较熟悉的人之间社交，会侧重于及时沟通联络；一般熟悉的人之间社交，会侧重于自身形象展示和对朋友的全面认知；陌生人之间的社交，会侧重于共同兴趣爱好的挖掘和共同活动的参与。另外，个体之间一对一的社交，与个体在群体之中一对多的社交也有不小的差异。正是因为有这些差异，不同的移动互联网社交类产品也有不同的特点：微信诞生之初，主要功能是熟人间的沟通联系，因此，微信在通信方面有明显的侧重；微信的朋友圈，是好友之间相互了解的一个窗口，它更侧重于自身形象展示和好友间互动；微博侧偏向基于社交关系的内容传播，因此，社会名人及其他关键意见领袖很容易在微博平台上获得更多认同；陌陌作为陌生人社交产品的代表，侧重于对用户间共同特点或兴趣爱好的发现，所以会向用户推荐基于共同位置区域的“附近的人”，也会推送与用户兴趣爱好标签相关的活动。

基于上述原因，社交类产品的运营也呈现出不同的侧重点。

以微博为代表的社交媒体，倾向在运营工作中强化关键意见领袖的影响力，也会更关注实时发生的社会热点话题，因此会给关键意见领袖和热搜话题更多的流量，以吸引对此有兴趣的用户的关注。

以微信为代表的熟人社交类产品，会把“朋友的关注和推荐”作为运营工作的优先事项，在文字内容、短视频、公众号推荐的时候，都会优先展示“朋友关注”，其逻辑在于在熟人社交关系中，用户会因为对某个用户的认知而愿意（或不愿意）了解更多相关信息，从而促进用户间的沟通联系和形象展示。在一些特殊纪念日或特定活动时，微信用户更换头像的运营活动，容易获得比其他社交平台更快速的传播速度，这也与熟人间社交关系中更看重个人形象展示和好友互动有关。

因此，社交类产品的运营，需要根据用户关系的紧密程度来确定基本的运营方向：运营前需要区分是强关系还是弱关系，用户间是一对一的关系还是社群间关系，关系特点不同，运营的侧重点也不同。

3. 内容类产品的运营要点

内容类产品的运营核心是要能持续做出独特、高质量的好内容，并把这些内容包装好，让用户更易于被吸引。这个过程主要分为生产、推荐两方面。

（1）内容生产。

对于内容型产品来说，内容生产主要分为两种：用户生产内容（user-generated content，UGC）和专业人员生产内容（professional-generated content，PGC）。UGC 是用户将自己原创的内容通过互联网平台进行展示或者提供给其他用户，优点是能够满足用户更加多元化的需求，缺点是质量无法得到保障，需要投入人力进行审核。PGC 是平台请专业人员进行内容生产，分类更专业，内容质量也更有保障，缺点是成本高，内容供应量少。

以视频平台为例，爱奇艺会重点采取 PGC 的方式进行内容生产，例如爱奇艺公司有自己的团队或者合作团队专门进行网络电影、网剧和网络综艺的生产；哔哩哔哩平台主要由“UP 主”（生产、上传内容的用户的专属称呼）自制视频。

（2）内容推荐。

进行内容推荐首先要了解目标用户的特点，满足用户的内容消费需求，让用户更容易看到该平台最优质和最典型的内容，主要有以下 3 个要点。

突显产品的定位和价值。例如，搞笑类的内容产品要突出内容的趣味性，体育类的内容产品要在体育资讯上有发布速度上的优势而且特定内容信息要丰富。

筛选目标用户。通过推荐的内容，进一步了解用户是“喜欢”还是“拒绝”平台内容。例如，有些用户喜欢精美修图、细致剪辑的视频内容，那么，当他（她）打开快手看到很多“原生态”视频的时候，可能会有些不习惯。但这些人应该也不是快手的核心目标用户，因此他们也不会成为快手运营工作重点关注的人群。

梳理内容标杆。用户所贡献的内容类型是以平台推荐的内容类型为标杆的。比如当某个用户打开知乎时看到的都是长内容，那么他只写短内容的可能性就比较小。

4. 交易平台类产品的运营要点

交易平台的运营主要分为 2 类：一类是交易平台自身开展的运营，另一类是交易平台上的商户开展的运营。

（1）交易平台自身开展的运营。

较为典型的案例是由天猫发起的“双11”活动、由京东发起的“618”活动。当然这个级别的活动已经超越了运营层面的工作，是整个大集团层面的事情，需要由企业管理层统一领导，由产品、技术、运营、市场、品牌和公关等多个部门协同配合。

（2）交易平台上的商户开展的运营。

商户将自己的店铺上线到交易平台，目的是实现店铺的数字化经营，拓展渠道，提升业绩。商户的运营要点分为以下3方面。

创建并持续优化店铺。商家在遵守平台规则的情况下，利用平台提供的各种工具，建设一个符合用户需求的线上商店，丰富商品，优化文案，提供清晰准确的图片。

开展流量建设。店铺开通之后需要吸引用户，商户首先需要掌握交易平台提供的各种营销工具，开展运营活动；其次要基于自身特点和优势，拓宽流量来源。

提供优质服务。店铺日常运营过程中，店铺和用户产生交易，商户端需要提供全面和优质的服务，包括及时响应用户需求、解答疑问、保障商品质量以及提供合理的售后服务等。

5. 游戏类产品运营要点

游戏运营是将一款游戏产品推向市场，通过市场运作，使用户对该产品从认识、了解到实际上线操作，最终成为游戏的忠实用户的这一过程。同时通过一系列的营销手段达到提高在线人数，刺激消费增长，获取更多利润等目的。

游戏运营的核心是“用户”和“收入”。就用户层面而言，需要在不断吸引新用户的情况下，稳定已进入游戏的老用户；就收入层面而言，需要促进玩家付费。游戏运营需要在这两个层面之间找一个平衡点，最理想的情况就是在不损害用户游戏体验的情况下让玩家尽可能多地付费。其运营要点主要有以下3点。

（1）推广。

游戏推广包括新游戏的推广和游戏里新功能、新活动的推广，前者目的是让更多用户下载安装一款新游戏，后者目的是让新老用户了解游戏新开发的功能、形象、道具及服务器等。推广的方式包括付费购买流量，与其他机构的游戏产品或相关应用产品互相推广，通过自身渠道资源进行游戏推广等。

（2）提高用户活跃度。

提高用户活跃度，是游戏类产品的日常运营工作。运营人员每天都要关注用户留存数据——次日登录、7日留存、月留存等，而且要结合留存数据对游戏形式本身进行分析和改进。例如，相当数量的用户在某一关卡后退出游戏，是因为该关卡设置不合理，还是难度过高或过低？是否应该通过赠予装备等方式协助用户通过？诸如此类，都需要运营人员结合数据分析来发现并完善。无论是付费用户还是非付费用户，运营人员要做的工作，都围绕着尽可能地延长他们在游戏中的生命周期，并让他们在游戏中获得更多的满足感、成就感而展开。

大多数成功的移动互联网游戏，都具有一定的社交特点，所有游戏用户长期共同完成相似或同样的任务，因而具有共同的文化基础和话语体系。促进用户群体建立并认同这种社群文化，也是运营工作的重要方面。

（3）获取收入。

对于未付费用户，运营人员承担着将他们转化为付费用户的任务；对于已经付费的用户，运营人员要不断地以活动设计，客服辅助等方式增强他们在游戏中的成就感、满足感，延长他们的付费周期、增加他们的付费金额。有些移动互联网产品的运营工作往往只重用户不重收入，而获取收入则是游戏类产品运营工作的核心目标。其运营人员承担着提高付费率、扩大付费总额的任务，同时也要根据已付费情况和用户活跃情况，来测算游戏的生命周期和总体盈亏情况。可以说，资深的游戏运营负责人员，一定都是数据分析和测算的高手。

知识总结

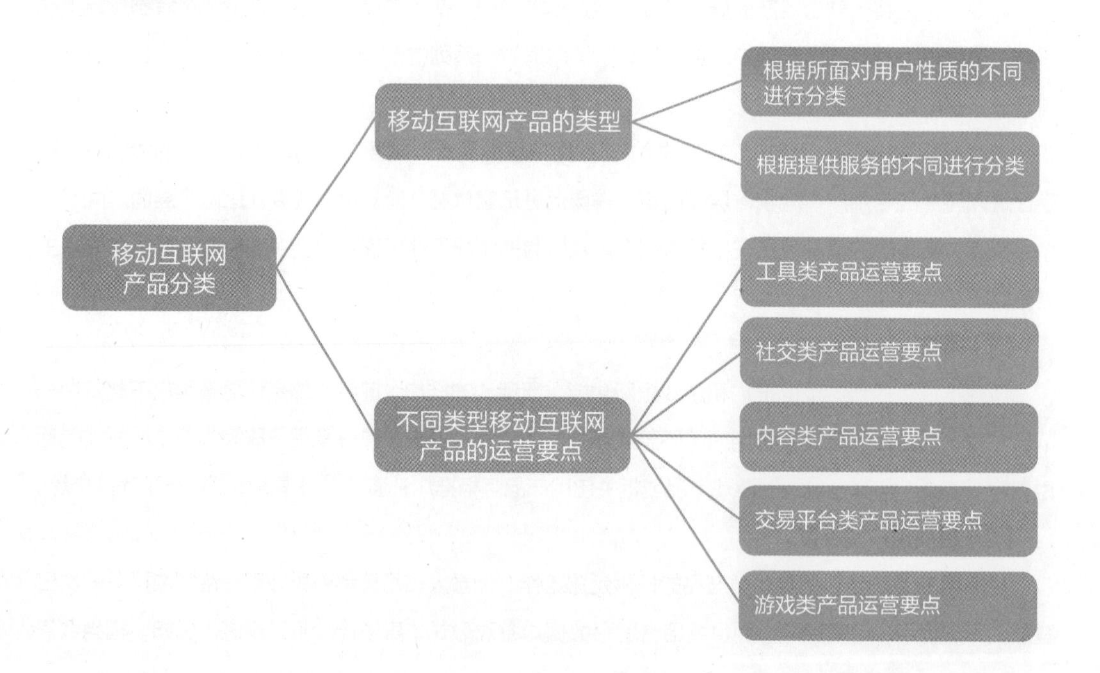

1.3 移动互联网运营的方法

引导案例

“漫游鲸”是一款面向二手图书线上交易的移动互联网产品，2018年5月正式推出，仅仅几个月的时间就获得一大批用户的关注。根据科技媒体36氪的报道，只花半年时间，“漫游鲸”在没有进行任何大规模营销活动的情况下，通过在微信公众平台发表的12篇原创文章获得了70多万用户的关注。“漫游鲸”创始人及其团队也不是大众领域的知名人士，但是他们通过有效的线上运营，成功实现了用户的快速增长。

为什么“漫游鲸”可以取得这样的成绩？“漫游鲸”的运营方法有什么独特之处？

1.3.1 移动互联网运营的指标

对于一款移动互联网产品来说，有五大指标最受关注，因为这五大指标是产品运营的核心数据，通过这一组指标可以判断产品的应用现状及未来发展趋势，也能够诊断产品可能存在的问题。这五大指标分别是获取用户（acquisition）、提高活跃度（activation）、提高留存率（retention）、获取营收（revenue）和自传播（referral）[2]，简称AARRR模型，如图1-7所示。

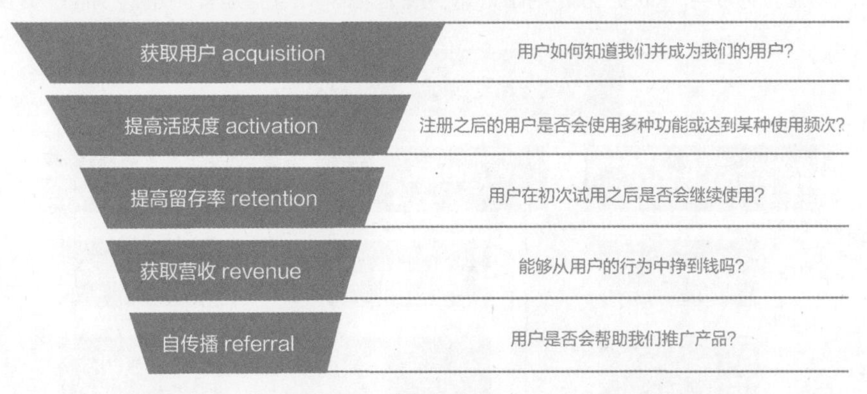

图1-7

这五大指标也成为移动互联网运营人员工作过程中关注的核心指标，需要用这5个指标指导运营的策略、行动以及数据分析。因此，运营人员需要深入理解这五大指标及其背后的关键要素。

2 经过多方对比，本书采用《精益数据分析》的翻译。原文如下——“海盗指标”这一术语由风险投资人戴夫·麦克卢尔创造，得益于五个成功创业关键元素的首字母缩写。麦克卢尔将创业公司最需要关注的指标分为五大类：获取用户（acquisition）、提高活跃度（activation）、提高留存率（retention）、获取营收（revenue）和自传播（referral），简称AARRR。

知识拓展

认识移动互联网产品的运营指标

移动互联网产品多种多样，对应的分析指标也有所不同。但对于所有移动互联网产品，都有一些通用指标可以作为基本分析工具。作为一名移动互联网运营人员，掌握这些通用指标可以更好地完成工作。

移动互联网产品的运营指标，其实没有那么复杂，某种程度而言跟线下餐厅进行客流分析是一样的。如果把一款移动互联网产品类比成一间餐厅，那么可以把移动互联网运营比作一家餐厅运营，目标就是要让顾客多光顾、多推荐、多消费等。

对于餐厅而言，为了达成运营目标，我们先要了解当前的情况，比如有多少新顾客光顾了餐厅，其中有多少是老顾客推荐的，一个月之内这些顾客光顾了多少次，顾客体验好不好，第二个月之后有多少新顾客留下来成为常客了……与此类似，在移动互联网产品运营的数据分析过程中也需要掌握新用户数、渠道来源细分、平均使用时长、平均使用频率、用户留存率等数据，以帮助运营人员了解用户，从而提升服务质量。

常见指标包括新增用户、启动次数、活跃用户、留存用户、使用时长、使用频率、使用间隔等指标。可以概括为3类，即用户分析类指标、使用行为类指标、渠道运营类指标，如图1-8所示。

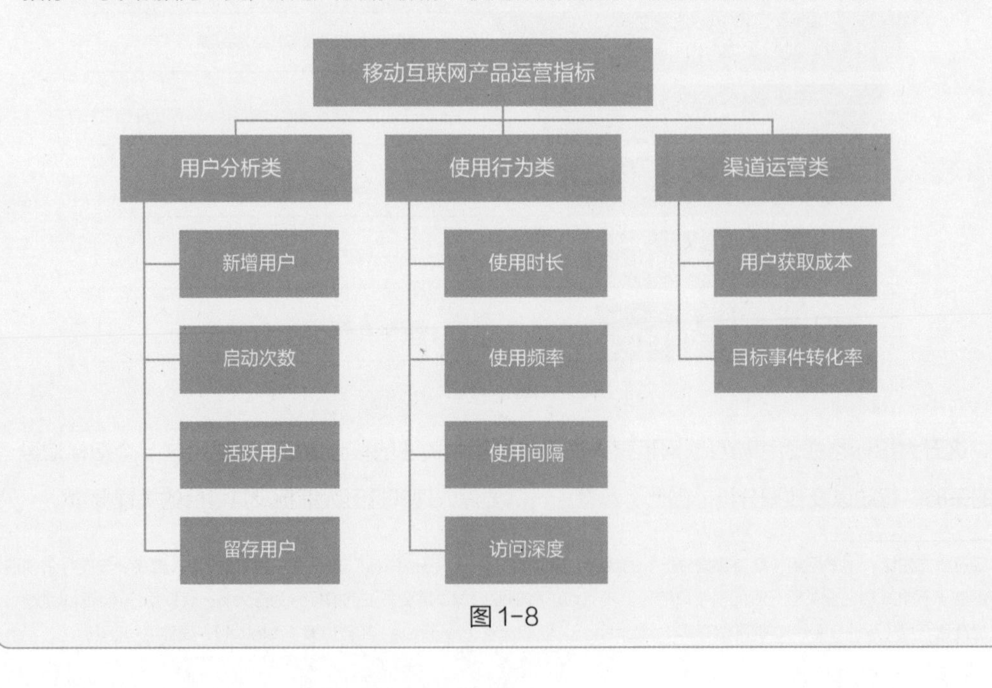

图1-8

1. 用户分析类指标

（1）新增用户。

定义：第一次启动产品的用户，需要按照移动设备识别码（相当于移动设备的身份证号，可根据它识别该设备的生产批次、出厂日期等信息）进行去重。

说明：如果某一个用户之前安装过该产品又卸载，之后再安装，那么只要该用户的设备没有更换或重置，则视为同一个用户，即第二次安装的用户不算作新增用户。

新增用户越多说明产品的成长越快，推广的效果越好。通常情况下，产品在发展初期新增用户比例会相对较高，随着市场的稳健增长，新增用户比例会逐渐下降。

（2）启动次数。

定义：启动次数指在规定时间段内，用户打开产品的次数。"一次启动"时间是指用户从打开 App 开始，到退出 App（或离开产品界面，进入后台）为止的时间。一次启动过程中用户可能会浏览很多页面。

如果同一个用户在退出 App 或离开产品界面后进入后台后，又在 30 秒（此为建议值，也可根据产品性质设置间隔时间）之内再次启动产品，则两次启动算作 1 次。反之，如果用户在 30 秒之后再次启动产品，则启动次数算作 2 次。

用户数是从使用群体的角度描述产品规模的方式，而启动次数是从访客角度衡量访问质量的运营指标。如果一个产品的用户体验足够好，用户黏性足够高，同一个用户一天中会多次启动产品，那么启动次数就会明显大于访客数。

（3）活跃用户。

定义：指在规定的时间范围内启动过产品的用户，需要按照设备号去重。活跃度是指在某段时间内，活跃用户数与总用户数的比值。

活跃用户指标通常都会有一个时间范围，例如日活跃用户、周活跃用户、月活跃用户等。活跃用户指标是一个产品的用户规模的体现，同样也是衡量产品质量的基本指标，结合留存率、流失率、使用时长等指标还可以体现用户黏性，此外，该指标也可以衡量获客渠道的质量。

（4）留存用户。

定义：规定时间段（T1）的新增用户中，在经过一段时间（T2）后，仍然使用产品的用户。其中 T1 和 T2 可以根据产品自身的实际情况进行设置。

留存用户主要用来衡量产品对用户的吸引程度、用户对产品的黏性、获客渠道用户质量及投放效果等。常用的留存指标有次日留存、3 日留存和 7 日留存等。

2. 使用行为类指标

（1）使用时长。

定义：用户在产品上所停留的时间，主要分为平均使用时长和单次使用时长，平均使用时长是指在某一段时间内所有用户的全部访问时间的平均值。

通过考量用户在产品上的停留时间，我们可以看出产品内容是否吸引用户，产品质量是否合格；还可以看出通过某个获客渠道到来的用户是否为深度使用用户，以此评判渠道质量。

（2）使用频率。

定义：在一定时期内，同一个用户启动产品的次数。如在一天之内，同一个用户一共进行有效启动 5 次，那么该用户的日使用频率就是 5 次。

使用频率和启动次数类似，只是从另外一个角度衡量用户黏性，通常情况下一款产品的用户黏性越高，那么用户的平均使用频率也就越高。

（3）使用间隔。

定义：使用间隔是指同一用户相邻两次启动产品的时间间隔，例如某一用户第一次启动产品到第二次启动产品之间相隔 2 天，那么该用户的使用间隔即为 2 天。

使用间隔也从侧面反映了产品的用户黏性，通常情况下使用间隔越短说明用户越依赖产品，也就是说产品的用户黏性越高。可以据此来决定推送消息的时机和发送频率。

（4）访问深度。

定义：用户在一次启动产品过程中所到达的页面累计数量为用户的访问深度。例如某用户从启动 App 到退出产品过程中，一共访问了 12 个页面，那么该用户的访问深度为 12。

理论上来讲，访问深度越高，产品质量越好，用户对产品的依赖性就越强。

3. 渠道运营类指标

（1）用户获取成本。

定义：获取一个新用户需要花费的成本，也就是获取用户的边际成本。随着新增用户数比例越来越高，获取单个新用户的成本降低，反之亦然。

用户获取成本是产品推广过程中的重要 ROI（投资回报率）指标，若通过统计分析发现某获客渠道的用户获取成本明显高于其他渠道，那么可以据此考虑放弃该渠道，将主要的推广资金和资源投放在用户获取成本较低的渠道，以求在单位资源内获得更多的新用户。

（2）目标事件转化率。

定义：设定某一事件的转化条件和转化结果之后，当转化条件出现的时候，会有一部分转化结果出现，目标事件转化率 = 转化结果事件数 / 转化前事件总数。例如，设定所有启动用户点击完成注册成为注册用户作为完整的转化事件，点击注册就是转化条件，成为注册用户就是转化结果，若每 100 个访问用户中有 50 个完成注册成为注册用户，那么可以说该目标事件的转化率为 50%。

1.3.2 AARRR 模型的使用方法

在移动互联网运营领域，**AARRR 模型**是用来指导运营工作的主要方法之一。AARRR 是 5 个单词的缩写，分别对应着用户生命周期的 5 个阶段，能帮助大家更好地理解获客和维护用户的原理。以下将针对不同阶段的运营方法分别展开介绍。

1. 获取用户

获取用户，是产品实现增长的初始阶段。在获取用户阶段主要有 2 种方式：导流与冷启动。导流适合多产品线的团队，将由原有产品线积累的用户向新品导流；冷启动更适合创业类产品或小型产品，在产品发布前无用户积累，需要从 0 到 1，一步一步积累用户。一款产品的新用户会有一个使用过程，如图 1-9 所示。

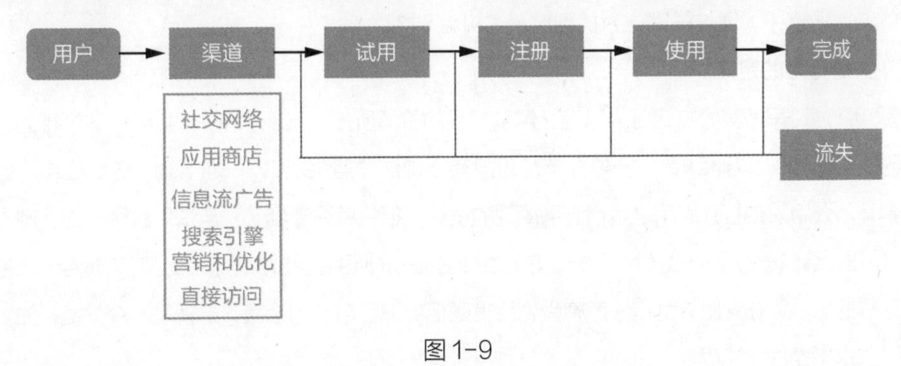

图 1-9

对于新用户的获取，获客渠道特别关键，主要包含以下几种。

社交网络。随着移动互联网的普及，微信、微博及知乎等社交网络拥有数以亿计的用户，成为很多新品首选的获客渠道。

应用商店。一个新的 App 上线，主要是通过上线到应用商店，让用户进行下载。而随着 App 数量增多，在应用商店上也需要进行关键词优化以提高推广的效率。

信息流广告。信息流广告是位于社交媒体用户的好友动态，或者资讯媒体和视听媒体内容流中的广告。信息流广告的形式有图片、图文、视频等，特点是算法推荐、原生体验，可以通过标签进行定向投放，根据自己的需求选择曝光、落地页或者产品下载等，最后的效果取决于创意、定向、竞价这 3 个关键因素。随着移动互联网深入发展，信息流广告成为主流获客渠道之一。

搜索引擎营销和优化。SEM 为搜索引擎营销，SEO 为搜索引擎优化，SEM 包含 SEO。SEO 指通过技术手段提升产品某关键词在用户搜索结果中的排名，尽可能将自家产品排在最前面以吸引用户的关注；而 SEM 指通过技术手段以及付费模式提升营销效果，从而吸引用户关注，SEM 更关注营销，更有利于促进用户增长目标的达成。

直接访问。直接访问更偏向于电脑端的产品，指用户在浏览器中直接输入网址进行访问，或在官方网站下载移动互联网产品的应用产品。

在获取新用户这个过程中，需要注意控制成本，用户在整个产品生命周期里给企业创造的价值（life time value，LTV）应当大于获取这个新用户所需要的成本（customer acquisition cost，CAC），否则获取的用户越多，损失越大。

2. 提高活跃度

提高活跃度是运营增长的关键转化点。用户激活离不开“Aha 时刻”（惊喜时刻），即新用户第一次认识到产品的价值，从而脱口而出“啊哈，原来这个产品可以帮我做这个啊”的时刻。用户可以在特定的使用场景中，通过关键行为找到这个“Aha 时刻”。

（1）关键行为的定义。

让新用户通过采取某个特定行为迅速了解到产品的价值所在，出现“Aha 时刻”，这个行为就叫作“关键行为”。比如“美颜相机”，一位女孩从来没有听说过“美颜相机”，她下载了这个应用，但是并不知道具体怎么用。她打开应用之后，看到简明的设计，很快就注意到了“自拍”这个功能，她点击了“自拍”按钮，给自己拍了一张照片，发现美颜相机拍出来的照片比正常的照片更美。“啊哈，原来美颜相机是这样的啊！”在这里，女孩快速感受到用美颜相机进行自拍的惊喜，这就是一个关键行为。

（2）如何找到关键行为。

提出假设。可以通过假设，列出 3 ~ 5 个和产品提供的价值息息相关的行为。一些常见的行为：完成新用户上手的引导过程；在产品介绍之后继续浏览产品；使用了某个核心功能；和其他用户建立了联系等。

通过数据筛选关键行为。通过数据分析，找到和用户长期留存正相关性强、关系密切的行为，这个行为就可能代表了用户的关键行为，比如美颜相机的“美颜自拍”。

验证假设。数据只能揭示相关性，不能代表真实的情况，所以还需要通过定性研究进行用户调研，以做进一步的判断和确认。常见调研方式有用户问卷、用户电话访问、有偿招募用户研究等，也可以利用一些产品自带的调研工具，例如在用户完成或取消某个关键动作时即时弹出问卷，并给予参与用户一定的奖励。

通过上述 3 个步骤，就能找到关键行为，确定用户的“Aha 时刻”。

3. 提高留存率

在互联网行业中，在某段时间内开始使用产品，经过一段时间后仍然继续使用该产品的用户，被认为是留存用户。留存用户数量与同期新增用户数量的比值即为留存率，一般会按照特定单位时间（例如日、周、月）来进行统计。用户留存率体现了产品的质量和留住用户的能力。

（1）留存率。

一般来说，根据不同的单位时间，留存率可以分为次日留存率、3 日留存率、7 日留存率、30 日留存率等。3 日留存用户指的是在成为新用户后的第 3 天仍然留存下来的用户，7 日留存用户和 30 日留存用户同理。留存率有多种计算方式，主要的计算方式是：用某个周期第一天的新增用户中在第 × 天仍使用了该产品的用户数，除以第一天新增用户数。这种计算方式有助于判断渠道质量。留存率计算的主要公式如图 1-10 所示。

$$\text{次日留存率}=\frac{\text{第1天新增用户中在第2天使用产品的用户数}}{\text{第1天新增总用户数}}\qquad \text{3日留存率}=\frac{\text{第1天新增用户中在第3天使用产品的用户数}}{\text{第1天新增总用户数}}$$

$$\text{7日留存率}=\frac{\text{第1天新增用户中在第7天使用产品的用户数}}{\text{第1天新增总用户数}}\qquad \text{30日留存率}=\frac{\text{第1天新增用户中在第30天使用产品的用户数}}{\text{第1天新增总用户数}}$$

图 1-10

（2）提高留存率的策略。

提高留存率的策略很多，如图 1-11 所示。

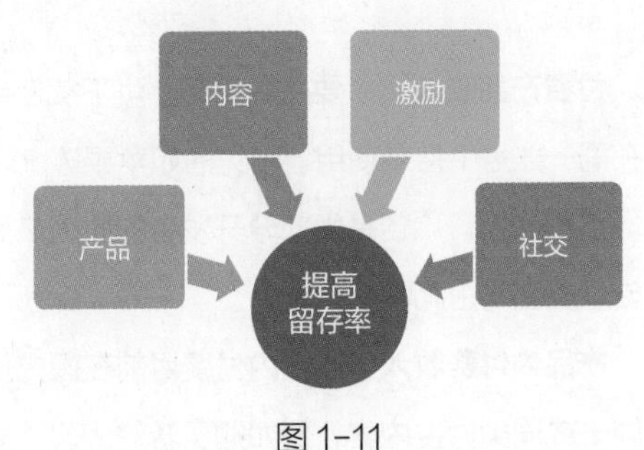

图 1-11

用产品提高留存率。对产品人员来说，提高留存率要靠产品本身新功能的开发与迭代起作用；对运营人员来说，除了要配合新功能的开发与迭代的工作，还需要让更多的用户知道它们，相关方法包含应用商店 App 描述的优化、启动页的用户引导、站内的活动策划以及相关的渠道推广等。

用内容提高留存率。用内容提高留存率就是要做到在最显眼的位置能够持续不断地为用户提供或者推荐“刚需、时效性、娱乐八卦、绝对价值”的优质内容。例如，哔哩哔哩不断丰富各类内容，邀请各类专家提供更多元化的内容服务用户，此外，还有墨迹提供最新天气情况，网易提供最及时的新闻热点，今日头条通过算法推送用户偏好的内容等。

用激励提高留存率。积分商城或者积分体系，是目前常见的通过激励机制提高留存率的方法，有很多 App 积分商城的使用效果显著，如天猫等。

用社交提高留存率。用社交提高留存率是具有社交属性的产品常用的运营方法。因为对于新用户及沉默用户（指注册后没有再使用产品的用户）来说，产品需要给他们推荐优质的活跃用户，做好推荐系统让他们快速形成更多的好友关系连接。例如脉脉，在沉默用户关联微信后，会通过微信公众号为其推送好友信息。

4．获取营收

获取营收，对一款产品是否具有可持续性非常重要。移动互联网产品获取营收的方式主要有以下几种，如图 1-12 所示。

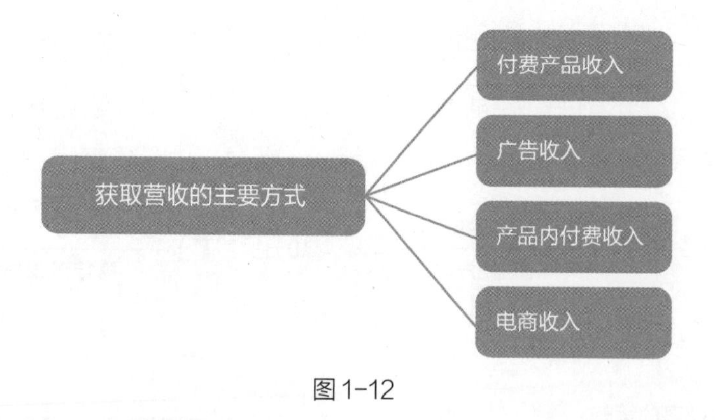

图 1-12

付费产品收入。主要是购买后才可下载使用的付费产品的收入，此类付费产品一般一次性购买即可在同一账号中持续使用。常见的如苹果 App Store 中的付费应用产品。

广告收入。广告是大部分开发者的收入来源，也是常见的网络盈利模式。比如客户在美团网上做广告，美团网由此收取广告费。

产品内付费收入。产品内付费目前在国内使用的场景非常多，并且用户可以在同一产品内多次购买同一或同类付费内容，例如购买游戏道具（如王者荣耀中的英雄皮肤）、工具型产品中的 VIP 功能

（如坚果云的存储空间）、服务类产品中的单次服务或抽成（如美团单次收费抽成）。

电商收入。对将自身定位为平台类产品的移动互联网产品或具有一定流量的其他产品，运营人员可以自行在平台上销售产品，产生一定的电商收入。

5. 自传播

自传播是增加用户量的重要方式，具有多重好处。首先获客成本低，通过老用户推荐来的新用户，往往是自发的口口相传，用户获取成本是零。即使是通过用户激励机制产生的自传播，一般来说成本也低于其他付费渠道。其次用户精准，一般来说，老用户推荐的好友的背景和已有用户类似，因此更有可能是产品的目标用户，用户的质量和精确度更高；最后转化率也更高，由于有了“好友推荐”的社交信用背书，被推荐的用户更容易成为长期用户。自传播的主要形式主要有以下 2 种。

口碑宣传。口碑宣传是一种原始且有效的自传播方式。口碑的最重要条件是产品要给用户带来好用、有趣等体验，让用户觉得“我必须要分享给别人”。

福利推荐。通过付费或者其他有偿的方式，鼓励现有用户向他人推荐产品。

1.3.3 AARRR 模型案例解析

移动应用程序 Keep 是一款具有社交属性的健身 App。通过这款产品，用户可利用碎片时间，随时随地选择适合自己的健身课程进行同步训练，还可将成果分享到 Keep 的社区。从属性上来说，Keep 是一款兼具工具性、社交性、内容性的综合性产品。

1. 获取用户

（1）种子用户招募。

Keep 在 2014 年 11 月启动开发。在产品正式发布之前，Keep 就开始招募内测用户。2015 年 1 月 22 日，Keep 开始在微博招募“首席体验官”，关注并转发微博就可以报名。根据官方发布的数据，首次招募吸引了上千人关注，700 多人转发，最终获得 4 000 多位内测用户。

（2）多平台内容分发和关键词优化搜索。

在开发产品的同时，Keep 同步开通了微博和微信公众号，发布健身、减脂等内容，并在知乎、豆瓣、贴吧等内容平台同步推送相关文章。通过这些社交网络的内容，Keep 积累了第一批用户。在推出适配苹果手机的 iOS 版本后，Keep 通过一系列 SEO 行为，于 2015 年 2 月将排名提升至 App

Store 健康健美榜的榜首。

（3）明星合作与品牌合作。

2015 年，Keep 开始在全国性的综艺节目中推广产品，同时与具有影响力的内衣品牌开展合作，推出同主题健身课程。

2. 提高活跃度

（1）制作特色内容，策划趣味活动。

Keep 的内容具有鲜明的特色，除了通用的训练课程，还通过个性训练计划功能满足用户细分需求。此外，Keep 持续举办丰富的活动，每个时间段都有不同的活动运营主题。

（2）搭建激励体系。

在用户体系的构建上，Keep 模仿游戏用户体系进行设计，用户通过运动可以积累积分，积分达到一定程度即可升级，当用户坚持完成某项任务时，还可以获得相应的徽章。通过建设完善的用户体系，Keep 让用户在产品中能够不断成长，也帮助用户实现了坚持运动的目标。

3. 提高留存率

（1）完善产品功能，提升内容质量。

Keep 给用户传递的价值较为清晰——通过运动指导向用户传递正确的运动理念和专业的私教课程，并努力塑造“产品简单易操作、训练没有时间和地点限制”的品牌形象。

（2）开发社交功能。

Keep 还开发了社交功能，让用户在完成健身的同时可以进行展示和交流，互相监督促进。用户经过长时间训练获得的好身材，可以在社交平台上进行展示，获得其他用户的关注、点赞和评论。通过这一功能，枯燥的健身行为受到社会性的认可，使得用户能够获得很强的满足感，同时还增强了用户之间的联系，提升了用户对产品的黏性。

4. 获取营收

（1）开发健身品类的电商，获取电商收入。

Keep 在 2016 年 4 月推出了电商板块，在产品内创造了一个健身品类的电子商务网站，为用户提供轻食代餐、运动装备、男女服饰等产品。

（2）录制专业课程，获取课程收入。

Keep 开发了私家课，邀请健身达人录制视频课程，为用户提供专业且有深度的课程指导。很多用户为了更好地提高自己的健身效率，会主动购买课程。

（3）开通会员功能，获取会员费收入。

针对深度用户，Keep 推出付费会员功能，将各个收费板块统一打包，用户开通会员功能就可以查看付费课程，并获得优惠券等。

（4）用户量扩大，获取广告收入。

根据 Keep 公布的数据显示，截至 2020 年底，Keep 注册用户数已达 3 亿。

5. 自传播

（1）开发分享功能，推动社交传播。

为了便于用户主动分享，Keep 开发了专门的分享功能，在用户完成运动之后，Keep 会生成一张专属图片记录用户运动成果，并提醒用户分享运动记录。

（2）结合品牌传播进行运营。

2016 年，Keep 推出了第一支广告片“自律给我自由”，向年轻人传递健康、年轻和自律的生活方式，“自律给我自由”也成为 Keep 最具代表性的广告语。在开展品牌传播的同时，运营人员借助社会媒体开展运营活动，提升了 Keep 的影响力。

根据上述分析，Keep 产品的运营过程也可以通过一张完整的图来体现，如图 1-13 所示。

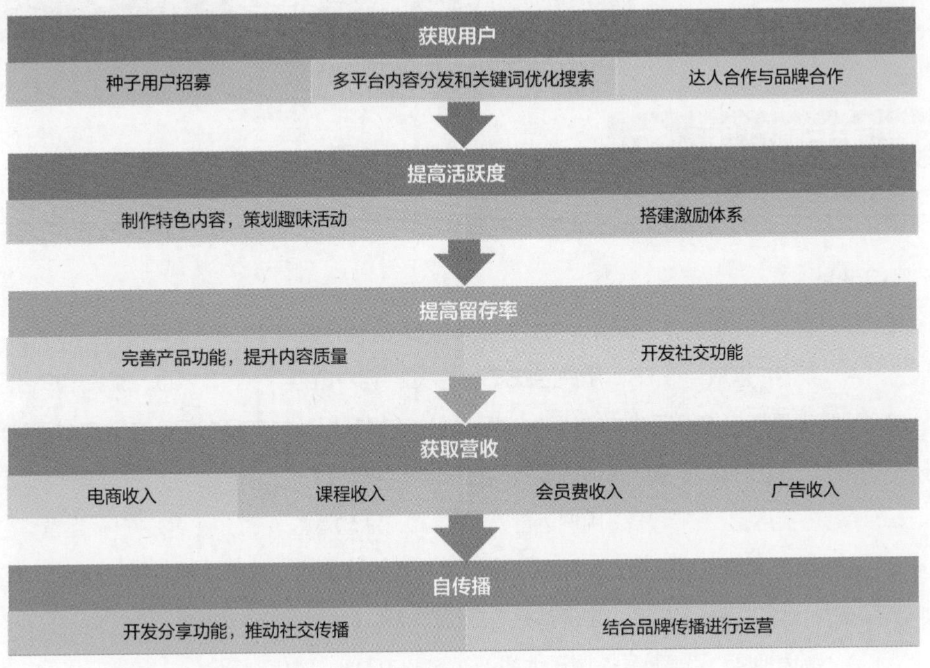

图 1-13

知识总结

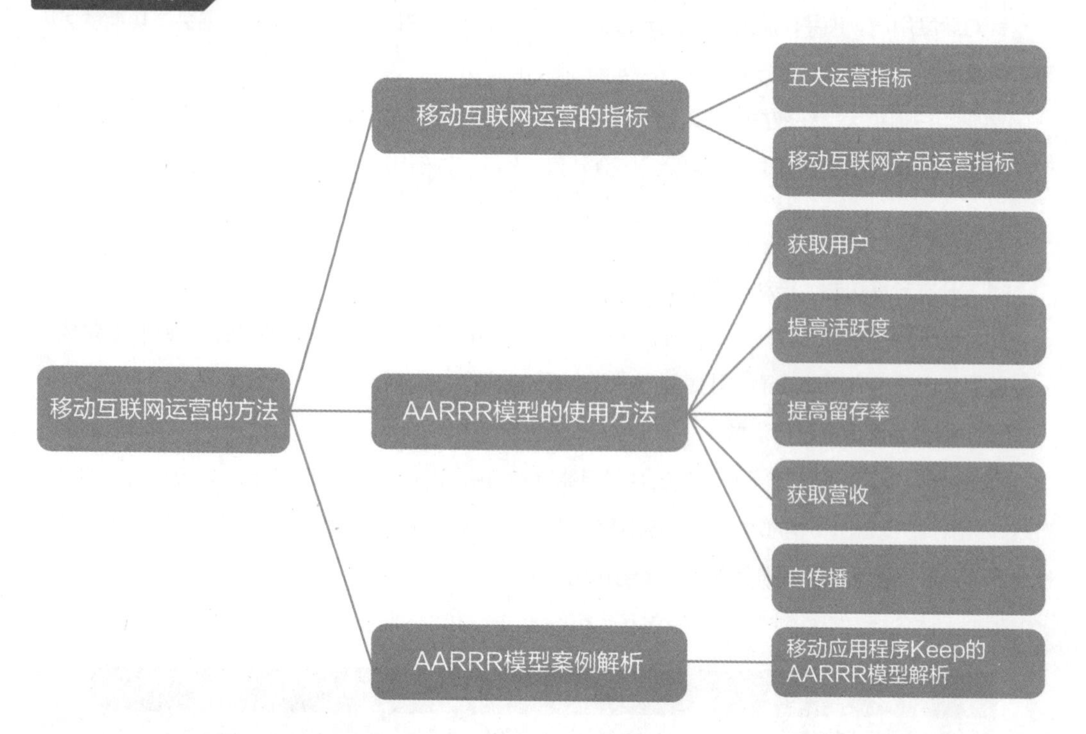

本章同步测试题

一、单选题

1. 以下选项中比较能体现运营人员数据收集整理和分析判断能力的一个环节是？（　　）

A. 新用户获取　　B. 用户活跃度　　C. 用户留存　　D. 流失用户召回

2. 运营人员通过组织活动的方式，在短期内快速提升相关的产品指标，有效完成活动策划、开发测试、宣传推广、效果评估等执行的过程被称为什么？（　　）

A. 内容运营　　B. 用户运营　　C. 活动运营　　D. 产品运营

3. 工具类产品通过提供独立功能解决用户某一类具体需求，或解决用户某种特定环境下的问题和需求，以下哪一个选项中全部都是工具类产品？（　　）

A. 高德地图、百度地图、腾讯地图　　B. 微博、微信、QQ

C. 今日头条、网易新闻、凤凰新闻 D. 美团、饿了么、携程旅行

4. 提高活跃度是运营增长的关键转化点。用户激活离不开“Aha 时刻”，在运营人员寻找关键行为的过程中，以下哪项不适用？（ ）

A. 通过假设，列出 3 ~ 5 种与产品价值相关的行为

B. 通过数据分析，找到和用户长期留存关系最为密切的行为

C. 通过问卷或电话回访进行用户调研

D. 通过后期送出相应礼品，实现找到用户“Aha 时刻”的目的

5. 下列不属于自传播的优势的是？（ ）

A. 成本低 B. 转化率高 C. 用户质量好 D. 专业性强

二、多选题

1. 从内容生产的角度出发，围绕着内容生产和消费搭建正向的循环，不断提升各类与内容相关的数据是内容运营的工作核心。内容运营涉及多个方面，至少包括以下哪几部分？（ ）

A. 内容的收集与生产 B. 内容的展示与管理 C. 新用户的获取和留存

D. 内容的推广和传播 E. 内容的反馈与评估

2. 移动互联网运营人员应具备的基本素质，具体包括以下几个方面？（ ）

A. 专业知识 B. 专业技能 C. 综合能力

D. 性格特质 E. 价值观与天赋

3. 根据使用价值或提供服务的不同，移动互联网的类型有哪些？（ ）

A. 内容类 B. 工具类 C. 社交类

D. 交易平台类 E. 游戏类

4. 对于一款移动互联网产品来说，可以通过哪些指标来判断产品的应用现状及未来发展趋势，并诊断产品可能存在的问题？（ ）

A. 获取用户 B. 提高活跃度 C. 提高留存率

D. 获取营收 E. 自传播

5. 在 AARRR 模型的使用方法中，获取用户是实现增长的初始阶段。对于新用户的获取，渠道特别关键，主要的渠道包含哪些？（ ）

A. 社交网络 B. 应用商店 C. 信息流广告

D. 搜索引擎营销和优化 E. 直接访问

三、判断题

1. 为了获取新用户，根据自身产品以及平台进行渠道推广是不可或缺的手段，在新品或新功能刚刚上线阶段，一定要大范围、大力度进行新用户的获取，才能为新品或新功能积累原始用户。(　　)

2. 用户活跃度主要通过其活跃时间来衡量，基本上一个月不打开产品或是平台，就可以视为不活跃用户了。(　　)

3. 电子游戏属于比较特殊的一类产品，一款大型游戏可能同时兼具内容、社交和交易平台的特点。(　　)

4. 社交类产品的运营，一般根据用户关系的紧密程度来确定基本的运营方向，而且不同特点的产品的运营侧重点不同。(　　)

5. 当用户被激活后，如何让用户尽可能持续地使用产品，是用户留存的关键所在，提高留存率的策略有很多，用产品、内容、激励以及社交等形式提高留存率是常用的策略。(　　)

四、案例分析

快手的 AARRR模式分析

快手 App 的前身叫“GIF 快手”，诞生于 2011 年 3 月，最初是一款用来制作、分享 GIF 图片的手机应用。2012 年 11 月，快手从纯粹的应用工具转型为短视频社区，为用户提供记录和分享生产、生活的平台。经过几年的快速增长，快手已成为短视频领域用户规模最大的 App 之一。

快手 App 为什么能够实现快速增长？请通过搜索资料，从获取用户、提高活跃度、留存率、获取营收、自传播几个方面简要分析快手的运营方法。

第2章

用户沟通与服务

本章重点

- 用户沟通的基本方法。
- 重点场景下用户沟通的技巧和话术。
- 用户信息管理方法。
- 用户分层方法。

知识导图

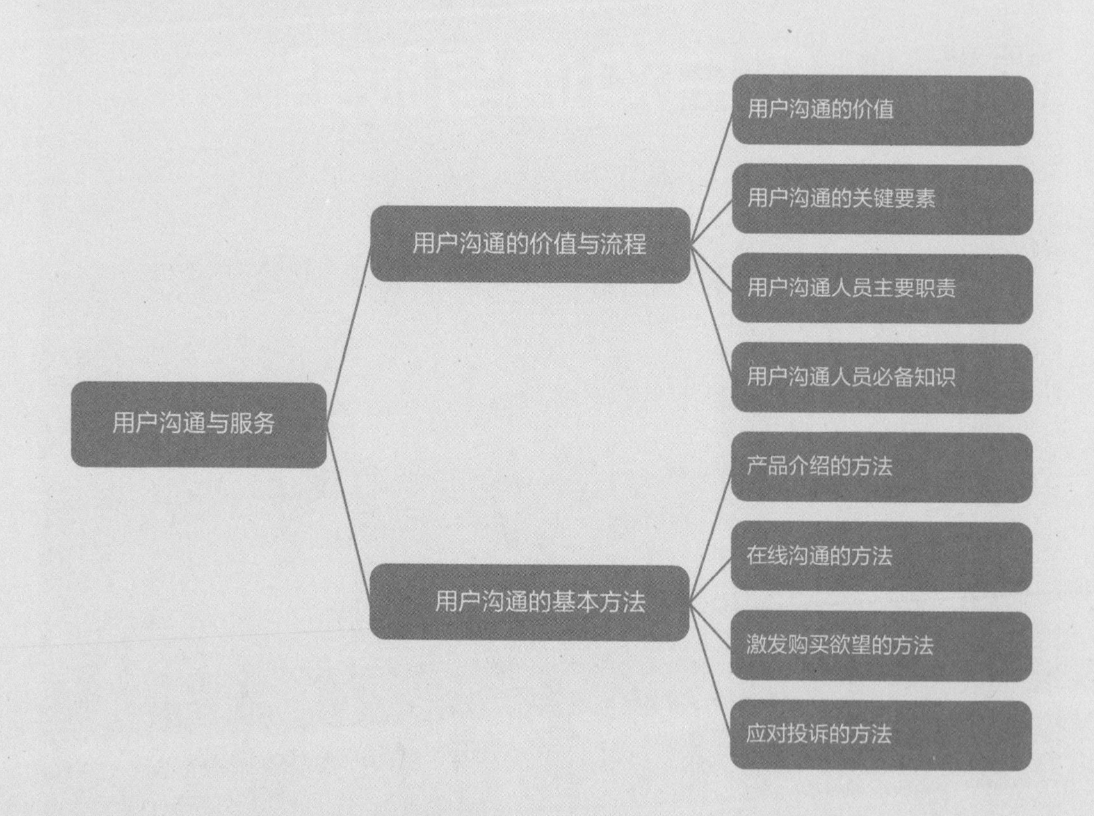

2.1 用户沟通的价值与流程

引导案例

这是微信公众号“罗辑思维”早期运营时设定的一段自动回复：

来了？坐。

罗胖每天早上一条语音，推荐一篇有眼光的文章。听完语音之后，用文字回复语音里提示的关键词，系统会推送一篇文章给你。

历史记录？罗胖一直主张向前看，不要向后张望。从今天开始，罗辑思维就是你的成长伴侣，咱们一起往前走。

现在回复“语音”两个字，看看罗胖今天说了啥。

当用户关注“罗辑思维”公众号时，上述这条回复就成为“罗辑思维”和用户沟通的第一段话。通过这样一次简单的沟通，用户可以得到 3 个关键信息。

（1）每天早上一条语音。

（2）回复提示关键词，可以收到文章。

（3）没有历史记录，需要每天都保持关注，才能看到全部内容。

这段自动回复是“罗辑思维”在微信公众号发展早期最明显的特征之一，和其他公众号形成了鲜明的对比。而通过自动回复功能向用户传递重要信息，本身就是和用户的一次沟通。随着微信公众号的不断发展，“罗辑思维”的自动回复也在不断改进，如图 2-1 所示，就像对话也需要根据场景需求调整话术一样。

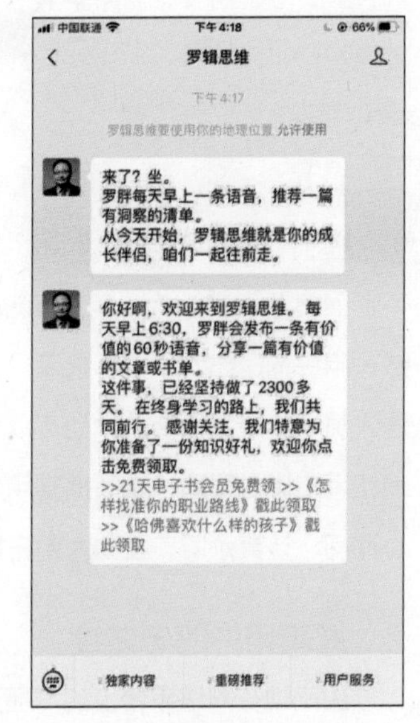

图 2-1

与用户沟通有很多形式，也有很多方法，我们为什么要不断变换与用户沟通的方式？如此高频的用户沟通又有哪些价值，都应该经过哪些流程呢？

2.1.1 用户沟通的价值

在移动互联网运营工作中，用户沟通是必不可少的重要环节，因为这是唯一能与用户建立直接联系的方式。这种沟通融合了情感，如果能巧妙运用的话，会给用户带来更舒适的交流体验。与用户沟通的价值，可以归纳总结为以下 6 个方面，如图 2-2 所示。

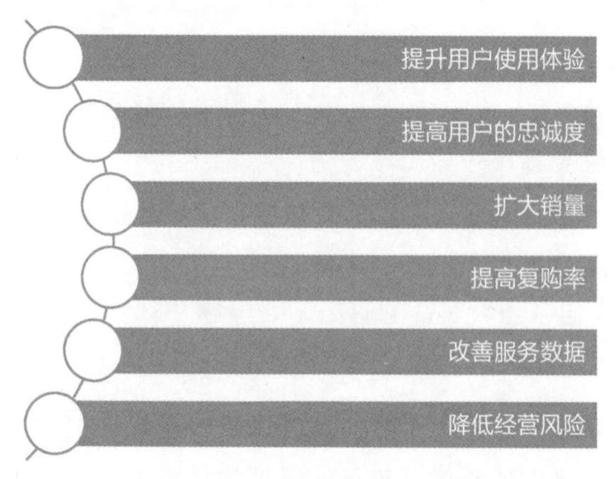

图 2-2

1. 提升用户使用体验

很多管理者认为，用户沟通人员的工作很简单，只需要会打字、态度好，就可以上岗。其实不然，用户沟通作为直接影响用户使用体验的工作，对平台整体运营具有重要意义。一位优秀的用户沟通人员一定是高情商的，他可以从与用户的聊天中察觉到用户的情绪，适时地安抚或赞美，恰到好处地让用户感觉舒适，从而提升用户对平台的使用体验。在与用户交流的过程中，用户沟通人员应该耐心询问、认真倾听，主动为用户提供帮助，让用户产生良好的使用体验。

2. 提高用户的忠诚度

由于现在网络平台上的产品过于丰饶，用户的搜索浏览成本也越来越高。一般来说，当用户进入一家线上店铺后，只要对其产品或服务满意，就不会另外浪费时间成本更换至别家。所以，通过用户沟通来提供良好的用户服务，能有效地提高用户的忠诚度。

3. 扩大销量

用户成交的方式通常有两种，如图 2-3 所示。一种是用户通过浏览产品描述的详情页面，对产品有了认知后，在没有咨询用户沟通人员的情况下直接下单；另一种则是用户在咨询用户沟通人员后再下单。一般来说，咨询过的用户，其订单成交额往往比直接下单用户的成交额要高。很多用户在购买产品之前，会针对自己不太清楚的内容进行咨询。在很多情况下，用户不一定是对产品本身有疑问，可能只是想确认一下产品是否与描述相符，通过向用户沟通人员询问可以打消很多顾虑，从而促成交易。拥有良好专业知识的用户沟通人员，可以帮助用户选择合适的产品，促成购买行为。对没有及时付款的用户，用户沟通人员及时跟进沟通和催付，也是平台提高成交转化率的保障。

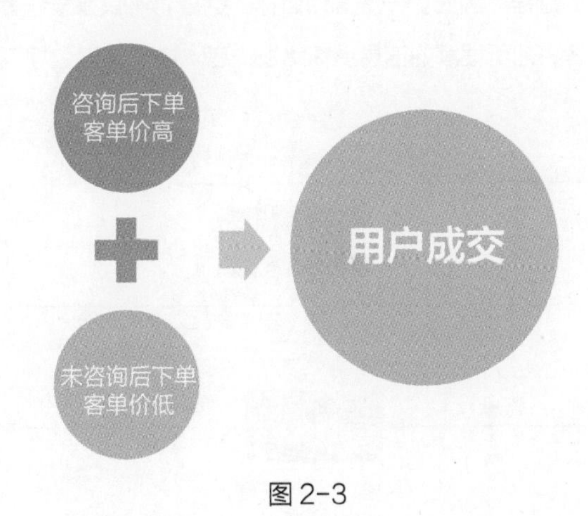

图 2-3

4. 提高复购率

当用户在某商家享受到了良好的服务，并完成一次交易后，就对这个商家的服务态度、产品质量以及物流水准等有了切身体会；如果用户是基本满意的，在下次需要购买类似产品时，会倾向于再次选择这个商家。

5. 改善服务数据

目前，各类平台对商户的服务质量都有一系列的评分标准，一旦商户的评分不符合标准，就会影响其产品在平台搜索结果中的排名以及参加活动的资质。所以，商户管理者会尽量保证自己的服务类评分达到或超过同行业的评分均值。用户沟通人员在售前和售后服务中都会与用户密切沟通，因此，用户沟通质量的优劣就会直接影响到商户的服务类评分。

6. 降低经营风险

在互联网上每种产品的竞争都很激烈，不同商家之间的主要差别在于产品质量和服务水平。管理者在运营过程中，难免会遇到退换货、退款、交易纠纷、用户投诉、用户给差评、平台处罚等经营风险。如果用户沟通人员对产品很熟悉，能够做到精准推荐，则能有效地控制退换货、退款等情况的发生，还能尽量避免交易纠纷，避免因触犯平台规则而受到处罚。

2.1.2 用户沟通的关键要素

沟通是一个双向互动的过程，因此，一次沟通目标的达成，不仅是发送者将信息通过渠道传递给接收者，同时也需要接收者将他所理解的信息反馈给发送者。整个沟通过程包括 7 个关键要素，如图 2-4 所示。

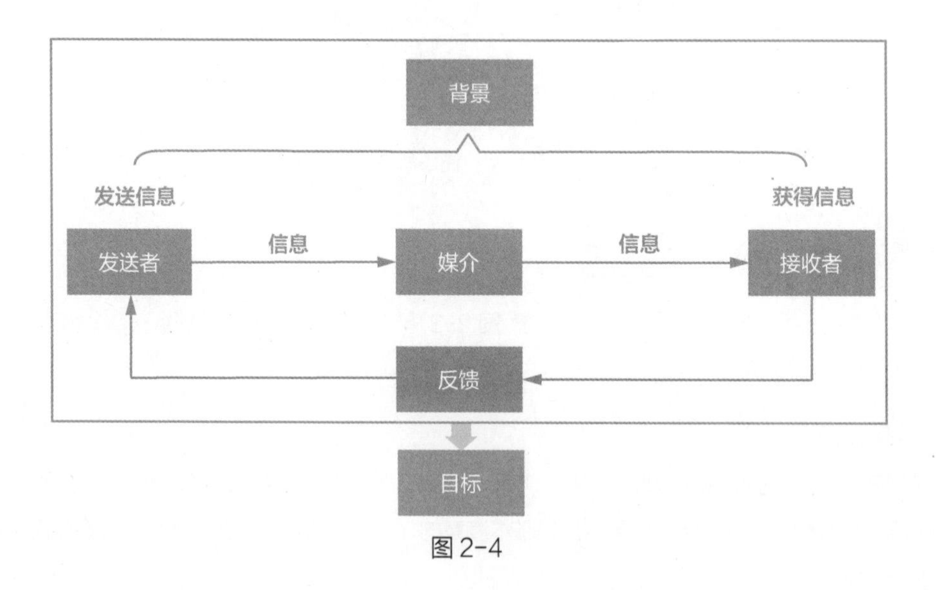

图 2-4

1. 发起者

发起者指发起行动的人，是沟通过程中信息发送的源头。没有信息的发送，也就不存在信息的接收。用户沟通人员在与用户沟通时，要主动充当沟通的发起者，主动向用户传递信息，以期获得用户的某种反馈。

2. 接收者

沟通过程中，信息的接收者是对发起者所发送信息进行解码并加以理解的人（例如平台中的用户）。接收者与发起者相辅相成、互相制约、双向互动。在沟通时，发起者要了解自己的接收者，要试图了解他们为何态度积极，或为何态度冷淡，也需要明确参与沟通的是一个还是多个接收者。

3．目标

在与用户沟通的过程中，发起者要明确发起沟通所需达成的目标，围绕目标与用户进行有效沟通。

4．信息

信息是事物发出的消息、指令、数据、符号等，是发送者和接收者在沟通活动中相互传递的内容。信息由发送者或接收者的思想和情感组成。这些思想和情感复杂多变，所以它们只有在表现为可传递内容时才能得以沟通。所有的沟通信息都是由 2 种符号组成的：语言符号和非语言符号。

5．背景

沟通是在具体的事件环境中进行的，围绕某一事件发起的沟通必然有其需要解决的问题，以及需要达成的目的，这一事件环境即本章所讨论的背景。另外，在沟通的过程中，接收者可能涉及某类人群，也可能涉及特定的文化、媒体、社会团体等。因此，在主动发起沟通之前，发起者要确保了解接收者的相关背景。

6．媒介

媒介是沟通或传递信息的工具。有多种媒介可供选用，如电话、电子邮件等。在沟通时，应优先选用最有利于信息传递的媒介。

7．反馈

沟通不是行为而是过程，与用户的沟通是为了达到一定目标而设计的动态过程。这意味着在沟通的每个阶段都要寻求用户的支持，更重要的是要得到用户的反馈。只有这样才能知道用户的想法，并随时调整自己的沟通方式，让用户感受到整个沟通过程一直是围绕其需求而展开的。

2.1.3　用户沟通人员主要职责

与用户沟通的目的，就是增加用户对商家的忠诚度，进一步提升商家的信誉与口碑，促进商家的业绩增长。用户沟通人员是连接用户与商家的重要纽带，其职责是通过用户的咨询、反馈、投诉等环节发现商家经营的不足，从而提升产品质量、改进服务规范、完善服务理念。用户沟通人员的主要职责如图 2-5 所示。

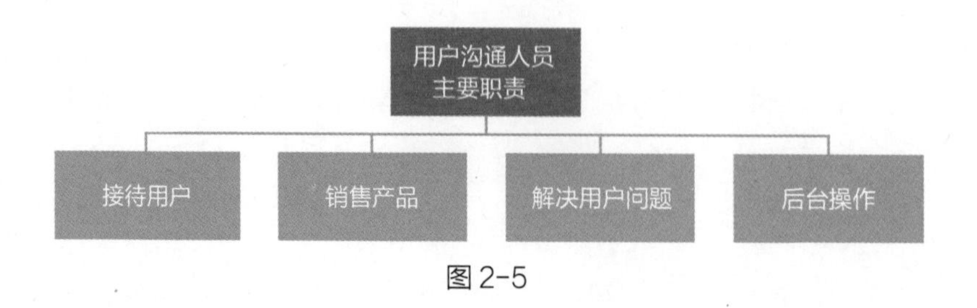

图 2-5

1. 接待用户

通过聊天工具与用户进行线上沟通，或者通过打电话、发邮件等形式与用户进行直接交流、沟通，帮助用户处理遇到的问题。

2. 销售产品

根据自己掌握的产品知识，结合用户的需求，运用适当的销售技巧达成销售，把对的产品销售给对的人。

3. 解决用户问题

从专业的角度为用户解决交易过程中遇到的各方面问题，如产品问题、物流问题、支付问题等。

4. 后台操作

包括交易管理、产品管理、评价管理、会员关系管理，以及处理用户投诉等相关事宜。

2.1.4 用户沟通人员必备知识

作为一名合格的用户沟通人员，需要具备丰富的知识储备和熟练的操作技能。用户沟通人员必备的知识如图 2-6 所示。

1. 平台概况

为什么用户沟通人员需要对平台概况有所了解呢？这是因为在沟通过程中，用户也会咨询一些关于平台的问题，比如平台内部的活动、活动产品的位置、享受活动优惠的条件、平台有哪些功能及如何使用等。用户沟通人员对平台越了解，对平台产品展示的位置越清楚，就越能够迅速地帮助用户找到适合的产品。

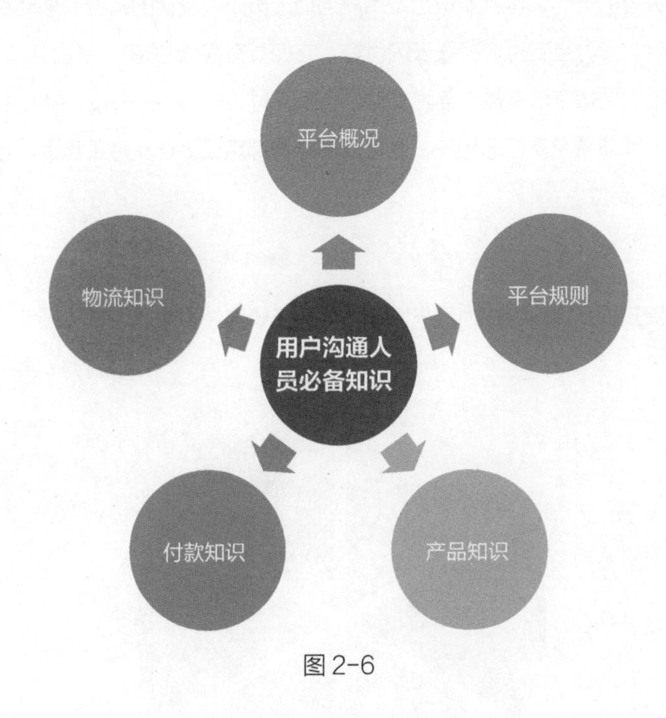

图2-6

2. 平台规则

不管哪个平台，都有自身的规则，只有了解其规则和要求，做好充分的准备，才能更好地开展运营工作。在工作中，用户沟通人员首先要遵守国家法律法规，其次要遵守平台规则。平台规则起着规范平台用户行为、维护买卖双方利益的作用。

在日常的运营工作中，遵守平台规则对于商户非常重要。一旦违规，商户就会被扣分，或受到在一定期限内限制发布产品、限制交易、限制参加平台营销活动等处罚，更严重的则会被查封账户。因此，用户沟通人员在上岗前一定要对平台规则进行学习，必要时可以将其制作成文档，以便在工作中随时查阅。

3. 产品知识

用户沟通人员应该对产品的种类、材质、尺寸、用途、注意事项等产品知识有所认知，最好对行业的有关知识，以及产品的使用方法、清理方法、修理方法等也有基本的了解。

4. 付款知识

付款是交易中关键的一环，付款知识也是用户沟通人员必须掌握的内容。移动互联网上主要的支付工具包括微信支付、支付宝支付、银联云闪付等，它们具有很强的跨平台性；同时，不同的平台还会有自己的支付工具，例如京东支付、美团支付、小米支付、Huawei Pay、Apple Pay 等。

选择使用信用卡或储蓄卡支付的用户，既可以将账号绑定在上述支付工具上，也可以直接在该银行的官方 App 中进行支付。

5. 物流知识

一些必要的物流知识，也应该成为用户沟通人员的必修课，相关内容参见图 2-7。

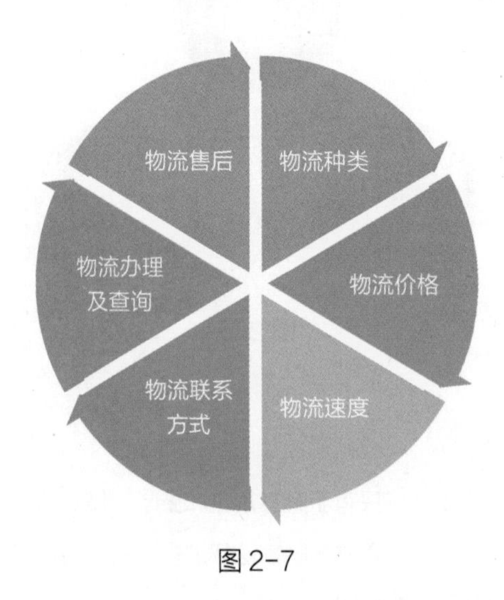

图 2-7

（1）物流种类。

不同的物流种类有着不同的运作方式。

- 邮寄：分为平邮（国内普通包裹），快邮（国内快递包裹）和国际邮包（包括空运、陆路、水路）。
- 快递：分为航空快递包裹和汽车运输快递包裹。
- 货运：分为汽车运输和铁路运输等。

- 第三方网络平台：集合多家快递及物流公司的可网上下单的网络平台，主要提供“发快递”“发物流”“同城达”“配送货”“查运单”等多维度速运和快递服务，如菜鸟驿站等；这类平台发货费用更低，但主要适用于发送少量包裹的普通用户。
- 配送：通过美团外卖、饿了么、闪送以及达达等第三方配送平台进行同城配送。

（2）物流价格。

不同物流种类的价格，具体包括如何计价、价格等级分类等。

（3）物流速度。

不同物流种类的速度和常规的送达时间。

（4）物流联系方式。

不同物流公司的联系方式，以及如何查询各种物流方式的网点情况。

（5）物流办理及查询。

不同物流种类应如何进行办理及查询。

（6）物流售后。

不同物流种类中的包裹撤回、地址更改、状态查询、保价、问题件退回、代收货款、索赔的处理等信息。

知识总结

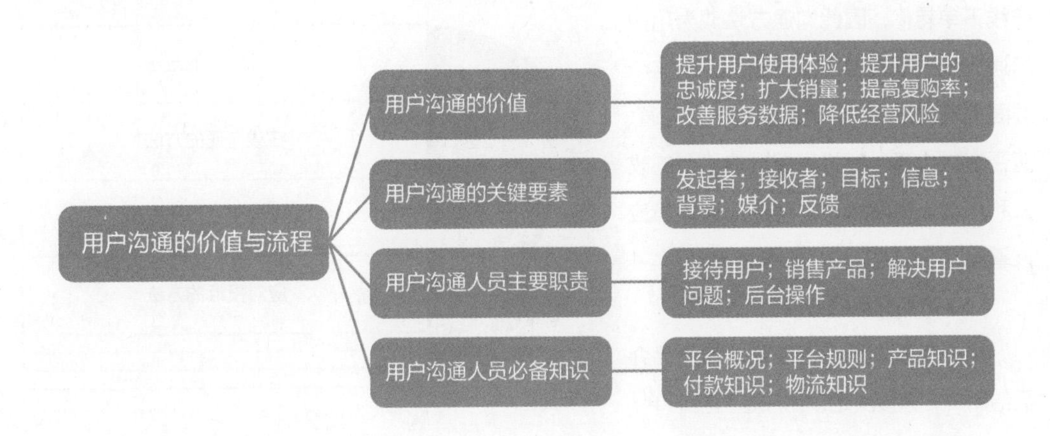

2.2 用户沟通的基本方法

引导案例

深夜23点，用户小张发来消息："老板，你这烧烤怎么回事？"本来每天22点就下班了，但是收到用户询问，用户沟通人员不敢怠慢，赶紧回复说："您好，请问是什么情况？"

小张："我刚才明明下单了1份烤韭菜，怎么没有？怎么回事啊？晚上几个人吃夜宵，东西太多也没注意。"

用户沟通人员："非常抱歉，给您添麻烦了，可能我们工作人员打包的时候有遗漏。这样，我给您退款。"

小张："呃，我也不是来要求赔偿的，我就是给你反馈一下。"

用户沟通是移动互联网运营工作的关键环节，处理得当则买卖双方安然无恙，处理不当则易引发纠纷甚至公关危机。那么，做好用户沟通的具体方法有哪些呢？

2.2.1 方法概述

用户沟通人员对于移动互联网运营，尤其是生活服务平台的运营具有重要作用，轻则关乎评价，重则影响盈利。因此，高素质的用户沟通人员便成为很多公司急切寻找的人才。

用户沟通人员需要直接与用户进行沟通，为用户提供高质量的解答和服务，甚至还要推动用户在线下单转化，因此沟通方法成为用户沟通人员一项重要的工作技能。从这个层面上来讲，用户沟通人员会不会沟通、能否有效沟通，都将直接影响平台的收入和信誉。通常来说，用户沟通人员应该掌握以下沟通方法，如图2-8所示。

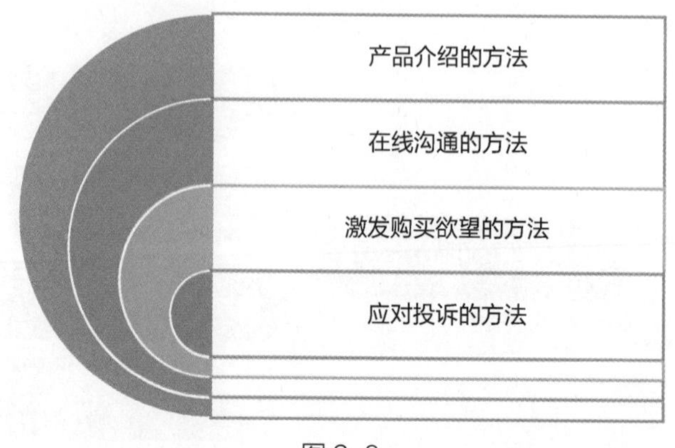

图2-8

（1）产品介绍的方法。

用户沟通人员能否准确地将产品介绍给用户，直接决定了用户是否会下单。

（2）在线沟通的方法。

用户沟通人员与用户进行沟通，最常用的工具是在线媒介，如微信、QQ或者生活服务平台的客服软件等。用户沟通人员能否熟练运用这些媒介并掌握一定的表达方法，决定了他们与用户的沟通能否取得良好效果。

（3）激发购买欲望的方法。

用户沟通人员的一项重要任务是消除用户顾虑，激发用户的购买欲望，因此掌握这方面的方法就显得尤为重要。

（4）应对投诉的方法。

在与用户的沟通过程中，经常会遇到用户不满甚至投诉的情况，这就需要用户沟通人员能够有效应对，将潜在的危机化解。

2.2.2 产品介绍的方法

在线下场景中，用户可以通过看、摸、试的方法来判断产品的好坏，但在线上，这些方法都是无法实现的，用户只能通过视频和图片去了解产品。完美的产品介绍，可以适时地拉近与用户间的距离。一段清晰且明确的产品介绍，可以让用户真实感知到自己在与一位训练有素的人沟通交流，从而及时使用户对商家建立起信任，消除用户对产品的疑虑，最终促成销售。产品介绍的具体方法见图 2-9。

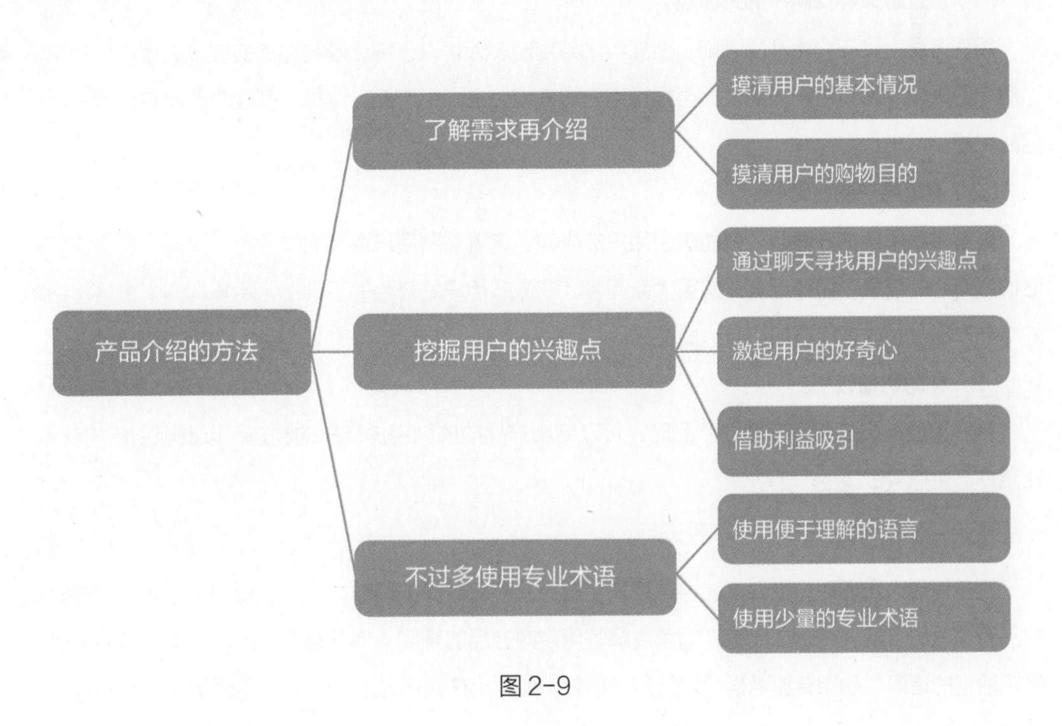

图 2-9

1. 了解需求再介绍

用户沟通人员要想促成交易，关键是要了解用户需求。只有这样，才能有针对性地介绍产品；否则，盲目地推介产品，只会让用户反感，导致交易失败。

（1）摸清用户的基本情况。

这是介绍产品的第一步。用户沟通人员要了解用户基本情况，掌握用户的具体类型和特征，才能有针对性地推介产品。用户沟通人员要清楚用户是为自己购物还是为他人购物，最好设法了解用户的年龄、性格、喜好等信息，依据这些特点进行有针对性的产品推介，以便提高成交概率。

（2）摸清用户的购物目的。

不同用户对购物有不同的目的，不同用户对商品的要求也不同，例如买洗衣液，有人选择去污力强的，也有人选择具有香熏效果的。因此，用户沟通人员要清楚了解用户的基本目的和需求，才能以此为根据进行有效的产品推介。

2. 挖掘用户的兴趣点

用户沟通人员在介绍产品时，要善于寻找用户的兴趣点。只有激起用户的兴趣，才能在沟通、交流的过程中与用户实现互动；否则用户的热情马上就会冷却，可想而知，接下来用户就会弃你而去了。

（1）通过聊天寻找用户的兴趣点。

用户沟通人员在介绍产品之前，要先尝试与用户聊天，以一种比较随和的方式接近用户。等发现了用户的兴趣点后，用户沟通人员再根据用户的兴趣点来介绍产品，这样就能让气氛比较融洽，最终促成交易。

（2）激起用户的好奇心。

能够激起用户的好奇心，就能吸引用户的兴趣。这就需要用户沟通人员向用户传递一些能够激起他们好奇心的信息，如最近有关的重大新闻等。在激起用户好奇心的基础上，用户沟通人员再将话题转移到产品上，这样就更加容易达成交易。

（3）借助利益吸引。

用户沟通人员在向用户推介产品时，可以突出产品能够为用户带来的利益，以此吸引用户注意，让用户产生购买欲望。

3. 不过多使用专业术语

用户沟通人员向用户推介产品，是用户了解产品不可缺少的环节。因此，用户沟通人员首先要对产品有深入的了解，能站在比较高的角度解答用户对产品的疑问。但在推介产品时，用户沟通人员要多用通俗的话语、少用专业术语，以便用户理解，如果用户对产品难以了解，也就难以达成交易。

（1）使用便于理解的语言。

用户购买产品是建立在信任产品的基础上，这种信任源于对产品的深入了解。若想让用户对产品有深入的了解，用户沟通人员就要在推介产品时使用便于理解的语言，做到通俗易懂。

（2）使用少量的专业术语。

不能过多地使用专业术语，并不代表完全不能使用专业术语。用户沟通人员可以少量使用专业术语，以体现出来的专业性使用户对产品产生信任感。在介绍产品时，要把握好专业术语的使用数量，以不超过两个（此处为参考值）为佳。而且用户沟通人员要对使用的专业术语有深入的了解，以便在接受用户咨询时能够向用户做出深入、全面的解答。

2.2.3 在线沟通的方法

随着网络的发展，作为商家与用户间桥梁的在线沟通显得愈发重要。在线沟通的质量会直接影响商家的效益。一次合格的在线沟通，可以通过图 2-10 所示的方法实现。

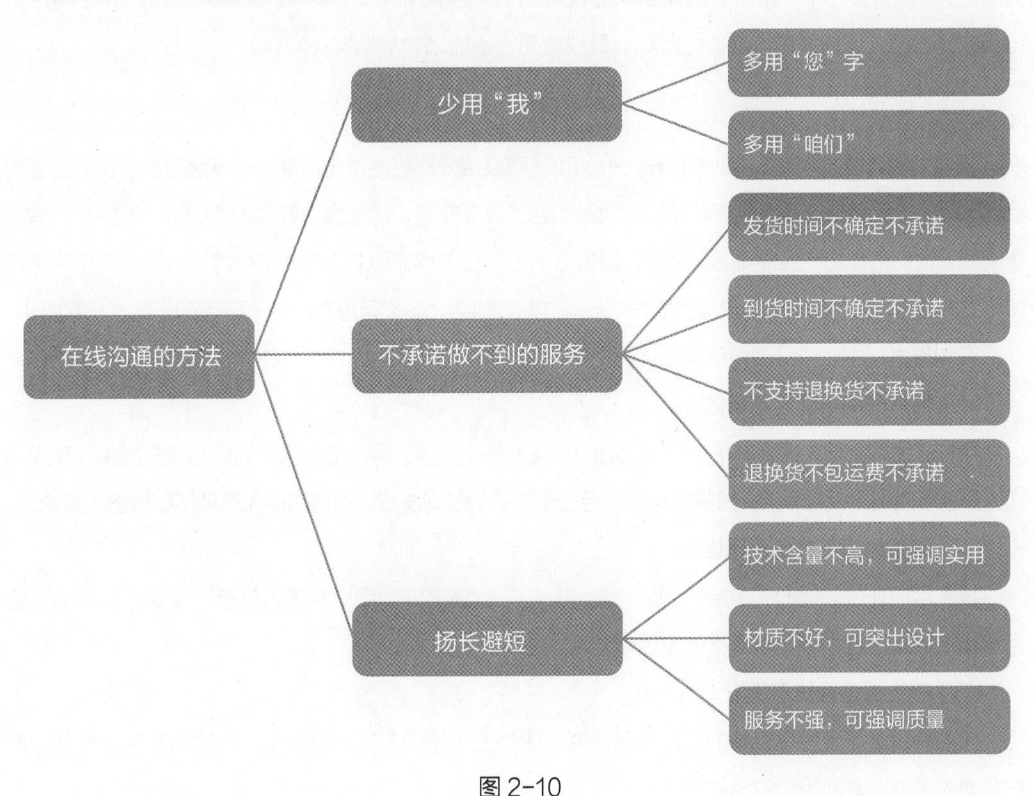

图 2-10

1. 少用“我”

用户沟通人员在与用户沟通的过程中，要尽力让用户感受到被尊重，让用户拥有存在感，感觉到我们在全心全意地为他考虑。而要达到这样的效果，用户沟通人员就要用好人称代词，比如少用“我”。因为“我”字用多了，会带给人一种十分自我的感觉，让用户产生厌烦心理。

（1）多用“您”字。

用户在购物的过程中，都希望能够得到尊重，这种尊重会促进交易的实现。在与人交谈的艺术中有一条：“‘您’字多用生笑意，‘我’字多用失欢乐”，这句话所传达的就是在沟通的过程中要善于使用“您”字，常常使用“您”字。用户沟通人员这样做，就会让用户拥有被尊重的感觉，用户很可能因为受到尊重而下单。

（2）多用“咱们”。

用户沟通人员在与用户沟通时，要创造一种亲切感，而这种亲切感首先来源于称呼。因此，用户沟通人员在与用户沟通时要常用“咱们”。比如，介绍产品时说“咱们的这款产品”，说自家在线商店时表述为“咱们的在线商店”，出现纠纷时说“咱们一起来解决”，等等。这种表述方式会让用户觉得商家是自己人，能快速拉近彼此距离、促成交易，也能较容易地解决问题。

2. 不承诺做不到的服务

任何人都痛恨被欺骗，特别是用户，他们也许可以接受产品性价比不高，但是绝对不会接受上当受骗。然而，有些用户沟通人员在与用户沟通时，为了促成交易，往往会采取哄骗的做法，即使产品有质量问题，他们也会把产品说得完美无缺，服务方面也存在这样的现象，有些用户沟通人员会向用户承诺做不到的服务。这种绝对的承诺虽然能暂时促成交易，却会让商家因为言行不一而受到投诉，引来差评。

在沟通过程中，不可随意承诺以下服务。

（1）发货时间不确定不承诺。

用户在线购物时，都会非常关心发货时间。商家如果货源充足，能够第一时间为用户发货，用户沟通人员就可以做出相应承诺；如果货源不充足，无法第一时间发货，用户沟通人员就不要做出类似承诺。

（2）到货时间不确定不承诺。

很多用户在线购物时，还会询问到货时间。对于到货时间，用户沟通人员是不能随便承诺的，因为货物在运送过程中存在很多不确定因素。

（3）不支持退换货不承诺。

有些商家是不支持退换货的，比如某些商品因为卫生原因不支持退换货，如果不支持退换货，用户沟通人员就不要向用户做出承诺。

（4）退换货不包运费不承诺。

有些用户沟通人员为了促成用户成交，承诺可以退换货，并且声明包运费。然而，如果商家做不到这些，用户沟通人员就不应向用户承诺。

3. 扬长避短

任何产品都有优缺点。用户在咨询时，很可能会谈及产品的缺点。面对这类问题，很多用户沟通人员往往不知道如何回答。用户沟通人员的目的是促成交易，要想促成交易就要把产品的优点尽可能地描述出来，因此在与用户沟通时要懂得扬长避短，依靠产品的长处来吸引用户。

（1）技术含量不高，可强调实用。

用户在进行产品咨询时，可能会说产品的技术含量低，这时用户沟通人员在回答时可以避开技术含量低的缺点，转而论述产品实用性强的优点。

（2）材质不好，可突出设计。

很多用户在购买产品之前会质疑产品的材质，有些产品的材质也确实不是一流的，此时，用户沟通人员可以通过强调产品设计的出色来弥补材质方面的缺陷。反之亦然，用户说设计不好时，用户沟通人员就可以强调产品材质上乘。

（3）服务不强，可强调质量。

很多商家由于财力、物力有限，往往在服务上存在一定的不足。当用户提出这方面的问题时，用户沟通人员可以强调产品的质量优良。反之，当客户对产品质量提出质疑时，用户沟通人员可以强调其售后服务好。

2.2.4 激发购买欲望的方法

在不同的消费模式下，为了激发用户的购买欲望，用户沟通人员所采取的方式也应有所差别。只有对症下药，才可以产生良好效果。激发用户购买欲望的方法基本可分为3类。

1. 有针对性地赞美

心理学家认为，人类本质中最殷切的需求是渴望被肯定。对于用户沟通人员来说，恰如其分地赞美用户，能使用户感受到温暖。用户沟通人员如果学会了赞美，往往能让沟通过程更加顺利。但是，赞美也需要有一定的方法，关键是要有针对性地赞美。

2. 声明“数量有限”

“数量有限”已经成为销售行为中常用的词语之一。因为数量有限，用户就会担心错失良机，而为了抓住这个机会，用户通常会选择成交。有经验的用户沟通人员在与用户沟通时要善于运用这类词语，从而促使用户下单。

（1）掌握好强调“数量有限”的时机。

要想让这种方式起到良好的效果，关键在于用户沟通人员要把握好强调的时机。很多时候，用户沟通人员在与用户沟通时，会向用户讲述很多与产品有关的信息。当用户对这些信息表现出兴趣且有成交的意向时，用户沟通人员就没有必要采用这种方式；如果用户对是否下单表现出犹豫时，或者表示“考虑一下”时，用户沟通人员就要及时告诉用户“数量有限”，以促使用户下单。

（2）掌握好强调“数量有限”的力度。

强调“数量有限”是机会压力促成交易的一种有效方式。用户沟通人员除了要把握好强调“数量有限”的时机，还要把握好力度。用户沟通人员可以采用“非常”“紧缺”“疯抢”“供货紧张”等类似的词语，让这种强调“数量有限”的方式能够取得更好效果。

3. 声明“价格优惠有限”

打折促销对用户有很大的诱惑力，特别是限定名额的打折，用户会因为急于得到那些仅有的打折名额而下单。这就要求用户沟通人员在与用户沟通时，将“价格优惠有限”告知用户，以此来促使用户下单。

（1）灵活机动。

用户沟通人员在利用这种方式说服用户时，要掌握“灵活机动”的原则。很多时候，在线平台是否打折是在产品宣传页面显示出来的，主要出现在产品促销活动中。但有些时候，在线平台并没有打出这种价格促销的宣传，这时候就需要用户沟通人员灵活机动，在用户对产品价格表现出怀疑且犹豫不决时，及时告知“价格优惠有限”的相关信息。

（2）善于利用数字进行强调。

若想让这种机会压力方法取得良好的效果，用户沟通人员要善于用数字进行强调，告诉用户有多少人可以享受优惠，目前还剩多少名额可以享受这种优惠。在可以享受优惠的名额方面，数字不宜过多或过少，以 5 ~ 10 个名额为佳。剩余的名额要起到能对用户心理形成压力的作用，如用户沟通人员可以告诉用户仅剩 2 个名额，或者仅有 1 个优惠名额。

典型案例

优惠倒计时

一些商家在推广课程时会强调优惠倒计时，经常会出现下面这样的文案：

倒计时！倒计时！倒计时！

4 月 24 日—5 月 20 日活动期间，

报商业插画设计课程，

每课立减 200 元！

最高优惠 10 000 元！

早报早优惠！

这就是利用数字进行强调，将优惠倒计时明确化的方式。

2.2.5　应对投诉的方法

大部分商家之所以获得用户的高分评价是因为他们专门配备了不断刷新交易列表的用户沟通人员。这些用户沟通人员的日常工作是即时回评、刷新评价列表，找到最新产生的中差评并登记相关信息，然后马上分配给相应的售后用户沟通人员。

售后用户沟通人员在接收到中差评信息时，会第一时间做出处理。他们会马上联系用户进行沟通，用户会因为用户沟通人员的沟通及时、态度诚恳而对商家产生好感。接下来，用户沟通人员会说服用户做出改变评价的行动。应对用户差评或投诉时的具体方法见图 2-11。

1. 时效性第一

在用户给出中差评后，用户沟通人员的及时处理，是影响用户做出改变的决定性因素。大多数情况下，出现中差评后搁置的时间越长就越难处理，因为没有用户愿意再浪费时间去更改自己已经做出的评价。如果用户沟通人员能在用户做出评价的第一时间进行处理，则能最大限度地避免这种情况的出现。

（1）第一时间找出中差评。

要想在第一时间对中差评做出处理，用户沟通人员就要在第一时间找出中差评。在用户做出评价后应立即给予回评并刷新评价列表，及时找出其中的中差评，并对给出中差评的用户进行信息登记，为接下来的沟通做好准备。

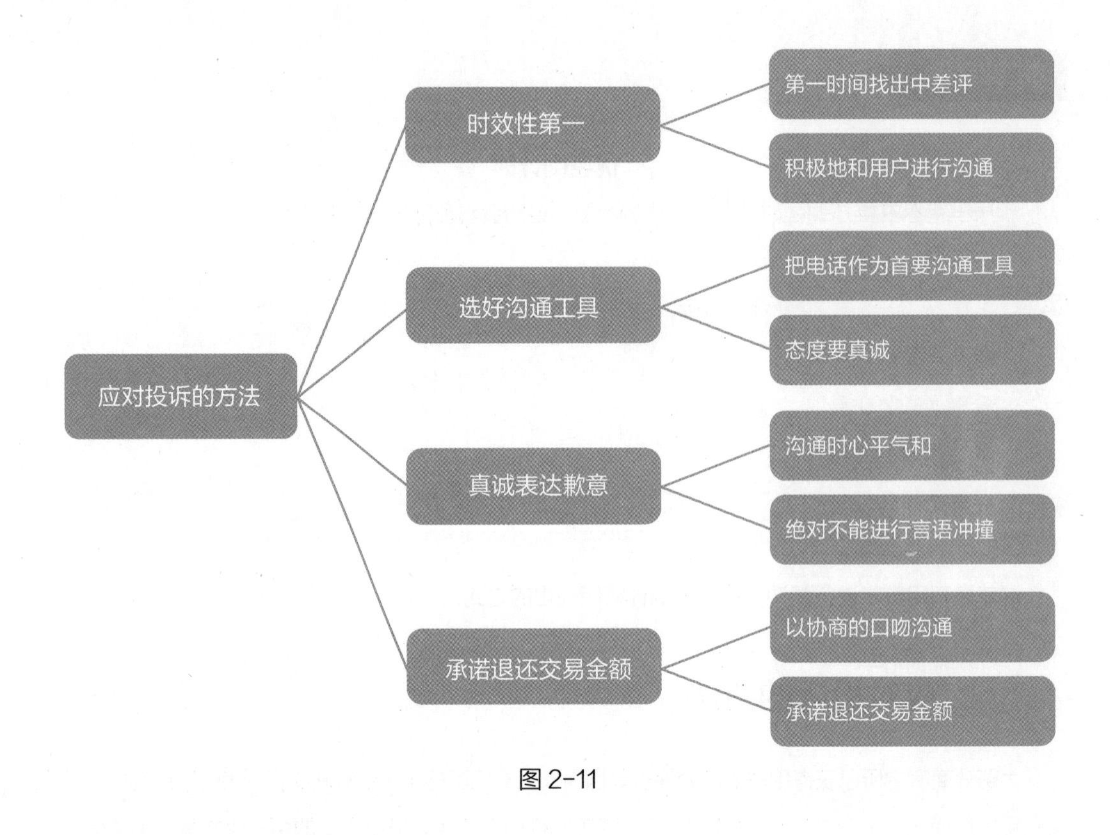

图 2-11

（2）积极地和用户进行沟通。

找出中差评并不是最终目的，最终目的是通过沟通让用户对中差评做出更改。要做到这一点，用户沟通人员就要在找出中差评后的第一时间内与用户进行沟通。实践证明，第一时间沟通是最有效的，处理效率也是最高的。

2. 选好沟通工具

要想成功地让用户更改自己做出的评价，用户沟通人员除了要在第一时间做出处理外，还要选择好沟通工具。所选的沟通工具是否合适，直接影响了沟通的效果。在沟通工具方面，一般来说有在线沟通与电话沟通两种，而电话沟通比在线沟通更为有效。

（1）把电话作为首要沟通工具。

在很大程度上，语音沟通拥有文字沟通所无法企及的优势。因为让用户更改自己的评价，需要大量的解释、说服，这种情况下，在线沟通的方式无疑是费时费力的，用户也不愿为了更改评价而在电脑前浪费自己的时间精力。此时就体现出了电话的便利，用户沟通人员可以通过电话与用户沟通，随机应变，最终达到说服用户更改评价的目的。

（2）态度要真诚。

用户沟通人员在与用户进行电话沟通时，要做到态度真诚，因为让用户改变评价是在请求用户做事情。用户沟通人员此时要尽可能地真诚，把责任都归结在自己身上，并请求用户把差评改为好评。在这个过程中，用户沟通人员需发挥自己的才智，晓之以理动之以情，解决用户的问题并安抚用户的情绪，尽可能争取用户的谅解。

3. 真诚表达歉意

用户之所以会给中差评，很可能是因为商家的产品或者服务存在问题。一般来说，很少有用户会因为故意找茬而给中差评。此时，用户沟通人员要拿出真诚的态度向用户道歉，与用户进行沟通，这是让用户更改评价的第一步。如果用户沟通人员不能做到真诚道歉，则很难让用户更改自己的评价了。

（1）沟通时心平气和。

在与给中差评的用户进行沟通时，用户的情绪大多是不太好的，甚至可能出现言辞激烈的现象。针对用户的情绪，用户沟通人员要始终保持心平气和，用轻缓的语气向用户表达自己的歉意。反之，如果在用户言辞激烈时，自己也反应激烈，沟通将毫无益处可言，更谈不上让用户修改评价了。

（2）绝对不能进行言语冲撞。

并不是所有给中差评的用户都能接受用户沟通人员的道歉，这些用户一般不愿意更改已做出的评价。如果真诚道歉也不能让用户更改评价，用户沟通人员绝对不能对其进行言语冲撞，而是可以选择在回评里解释一下，表明自己的态度和做法。这样不仅能给自己增加一个解释的机会，更能将商家的服务态度展示给潜在用户。

4. 承诺退还交易金额

出现产品与描述不符、质量问题、缺少配件、破损、无货、缺货、预约不上等非用户原因造成的需要全部或部分退款的情况时，用户沟通人员需要主动承诺退还交易金额；实物交易需要退货时，还需要积极协助用户办理退货事宜。

知识总结

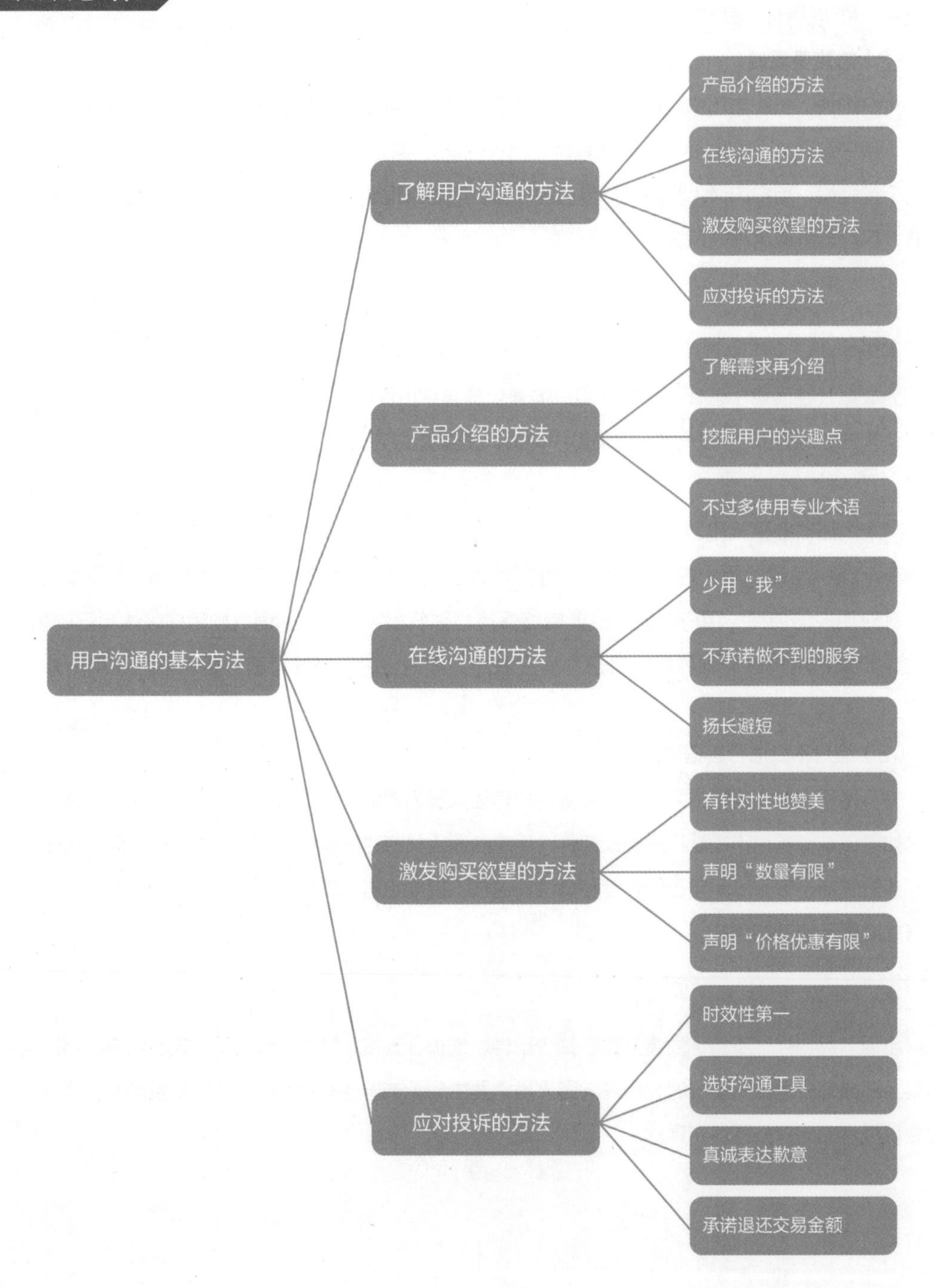
用户沟通的基本方法
了解用户沟通的方法
产品介绍的方法
在线沟通的方法
激发购买欲望的方法
应对投诉的方法
产品介绍的方法
在线沟通的方法
激发购买欲望的方法
应对投诉的方法
了解需求再介绍
挖掘用户的兴趣点
不过多使用专业术语
少用“我”
不承诺做不到的服务
扬长避短
有针对性地赞美
声明“数量有限”
声明“价格优惠有限”
时效性第一
选好沟通工具
真诚表达歉意
承诺退还交易金额

本章同步测试题

一、单选题

1. 沟通是一个双向互动的过程，沟通不仅是发起者将信息通过渠道传递给接收者，同时接收者还要将他所理解的信息反馈给发起者。以下哪个不属于沟通的基本要素。（　　）

A. 信息　　B. 目标　　C. 时间　　D. 媒介

2. 线下可以通过看、摸、试的方法来判断产品的好坏，而用户在线上是看不见实际产品的，只能够通过产品图片去了解一个产品，因此，沟通服务人员必须掌握产品介绍的方法，以下哪项不适用？（　　）

A. 以简单的产品作为沟通的开始　　B. 了解需求再介绍

C. 挖掘用户兴趣点　　D. 不过多使用专业术语

3. 随着网络的发展，在线沟通已成为连接用户与企业的常用方式，好的在线沟通方法能起到承上启下的作用，以下哪项不属于常规在线沟通方法？（　　）

A. 不承诺做不到的服务　　B. 购物满一定金额可自行给予折扣

C. 尽量强化产品优点，弱化产品缺点　　D. 多用“亲”“宝宝”等称呼，少用“我”

4. 在收到用户给出的中差评后，专业的用户沟通人员要如何处理？（　　）

A. 第一时间要求对方更改评价

B. 态度强硬要求对方更改评价

C. 联系用户查明原因，针对性解决问题

D. 直接退款给用户，然后要求用户更改评价

二、多选题

1. 用户沟通人员对于移动互联网产品具有重要作用，通常来说用户沟通人员应该掌握哪些沟通方法？（　　）

A. 产品介绍的方法　　B. 使用沟通工具的方法

C. 在线沟通的方法　　D. 激发购买欲望的方法

E. 应对投诉的方法

2. 用户沟通人员是连接用户与商家的重要纽带。用户沟通人员肩负着发现商家不足、改

善产品质量、改善服务规范、改进服务理念的重任，作为一名用户沟通人员，主要职责有哪些？（　　）

A. 接待用户　　B. 反馈问题　　C. 解决用户问题

D. 销售产品　　E. 后台操作

3. 只具备基本的工作技能，无法满足用户沟通工作的需求。作为一名合格的用户沟通人员，还需要具备哪些技能？（　　）

A. 高尚的道德品质　　B. 开朗的性格特点　　C. 丰富的知识储备

D. 正确的人生价值观　　E. 熟练的操作技能

4. 在线沟通人员肩负着提高下单率的重任，通过合适的方式可有效激发用户购买欲望，从而提高产品销售。以下哪种方式可以有效激发用户的购买欲望？（　　）

A. 强调低价优惠　　B. 有针对性地赞美用户　　C. 强调产品功能强大

D. 声明价格优惠有限　　E. 强调产品数量有限

5. 在互联网产品的销售中，总会有用户对产品或服务不满意，当售后用户沟通人员接收到中差评信息时，正确的处理方法有哪些？（　　）

A. 第一时间进行处理　　B. 选择良好的沟通工具

C. 向用户真诚表达歉意　　D. 赠送用户相应礼品

E. 非用户原因需退款时，承诺退还交易金额

三、判断题

1. 用户想要购买一款产品，不需要沟通直接下单，所以在移动互联网运营工作中，用户沟通可有可无，只需要在用户咨询时及时反馈即可。(　　)

2. 用户沟通工作看起来虽然很简单，只要会打字且态度好就可以上岗，但良好的沟通能更好地提升用户的使用体验，对平台整体运营也具有重要意义。(　　)

3. 用户想要购买一款商品，无论是直接下单沟通，还是咨询服务人员后购买，其订单成交额都是根据用户的实际需要以及财富水平来决定的。(　　)

4. 用户沟通在移动互联网运营工作中发挥着重要的作用，一些小问题如果处理及时能小事化无，如果处理不当，则能引发难以预料的危机与风险。(　　)

5. 任何产品都有自己的优缺点，用户沟通人员在与用户沟通时要懂得扬长避短，依靠产品的长处来吸引用户，对产品缺点避而不谈。(　　)

四、案例分析

早上 8 点上班，作为一名互联网店铺的用户沟通人员的你，刚点进电脑端的店铺后台，就看到“评价管理”处多出来一朵小黑花，一条差评来了。你查看了差评时间，是凌晨 1 点客户给出的，差评原因只写了“不满意”3 个字，你翻看了沟通工具，没有这名顾客的留言。面对店铺里的第一条差评，如何进行有效处理呢？请结合本章所学知识，有步骤地进行分析阐述。

第 3 章

活动运营

本章重点

- 活动运营的完整流程。
- 活动运营的关键环节。
- 活动目标的分解方法。
- 活动策划的主要方法。
- 活动执行管理方法和工具。

知识导图 

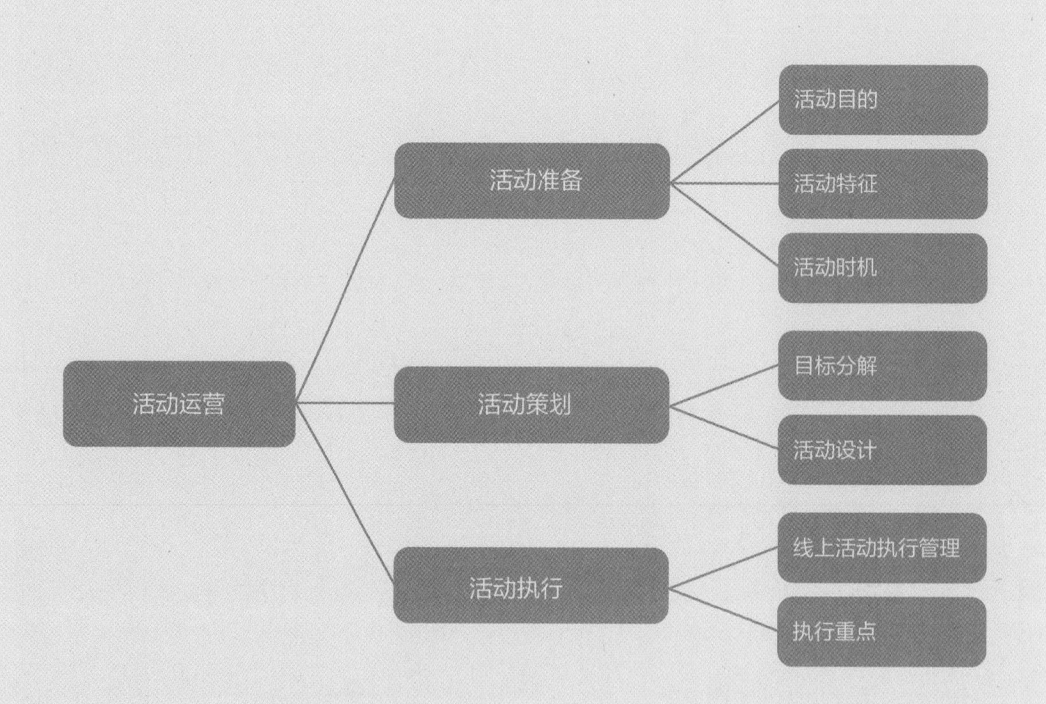

3.1 活动准备

引导案例

2015 年 10 月，支付宝获得中央电视台春节联欢晚会（以下简称“央视春晚”）独家互动平台冠名。2016 年 1 月 28 日（农历腊月十九），支付宝首次正式推出“集五福”活动。五福包括“爱国福”“富强福”“和谐福”“友善福”和“敬业福”5 个不同种类，集齐五福者可平分人民币 2.15 亿元。此外，用户新添加 10 个支付宝好友，可随机获得 3 张福卡，这 3 张福卡可能是相同种类，亦可能属于不同种类。好友之间可以互相转赠、交换福卡。

随着支付宝与央视春晚的合作展开，通过 2016 年央视春晚 20 点到 24 点的互动环节“咻一咻”活动，集五福成为当年除夕夜最受关注的活动之一。根据支付宝官方披露的数据，集齐了五福的用户超过了 79 万名，人均可得红包金额为 271.66 元。

自此后，支付宝连年推出集五福活动，活动互动方式不断更新：2019 年推出新的福卡：沾沾卡和花花卡，其中使用沾沾卡有机会“沾取”好友一张福卡，而使用花花卡则有机会抽取花呗帮还大奖，积累了很高的人气。同时，2019 年还推出了答题小程序，让用户通过答题获取福卡。

2020 年保留了以前的活动形式，并增加了全家福卡。如果用户获取了全家福卡，将有机会赢取“帮全家还全年花呗”大奖。另外，支付宝还推出了“福满全球 | 点亮全球九大地标”活动。

请大家思考：支付宝为什么要花费巨资和央视春晚合作举办集五福活动？通过这场活动，支付宝达到了哪些商业目的？活动运营对于产品有什么重要意义？

3.1.1 活动目的

活动运营，简单来讲是指通过组织活动，让目标产品或品牌在短期内快速提升相关指标的运营手段。从定义上看，活动运营有以下 3 个关键词。

（1）短期。

在一段较短的时间内开展活动。

（2）快速。

用简单直接的方式在较短时间内达成效果。

（3）提升指标。

目的明确，提升活动相应指标，达成运营目标。

活动运营对企业和个人都很重要。对企业来说，活动是快速获取新用户、活跃用户的重要手段。对个人来说，活动是运营人员的“标配”，是考量运营功底的重要因素。做一场活动，对运营人员的策划能力、跨部门协调能力、项目把控能力、执行能力、应变能力等都有一定要求。

明确活动目的可以让运营人员明晰自己的行为路径，设计出更加高效的活动流程。活动目的主要分为 4 类：用户获取、用户留存、促进活跃度、召回流失用户。

1. 用户获取

用户获取，在活动运营中简称“拉新”，即获取新用户。对于 App 来说，拉新意味着新用户的下载与注册；而对于众多的微信公众号、微博、贴吧等新媒体运营个体而言，拉新指的是吸引新用户的关注。

产品不能没有用户。在产品上线早期，源源不断地获取新用户是产品得以生存发展的前提。通过精心策划的线上、线下活动，可以快速达到拉新的效果，所以，拉新便成为众多产品活动运营的重要目标。一般来说，所制订的拉新目标是可量化的，可以具体到确切的数字。

2. 用户留存

用户留存至关重要，可以想象一下，如果通过一系列方式新增了数量可观的用户，最后却因为各种原因几乎全部流失，留存率低到可怜，那么则会前功尽弃。

所以，利用相关活动留住用户，是如今大多数商家、运营人员的常用手段。为了达到提升用户留存率的目标，我们往往需要研究下面几个问题。

（1）用户生命周期。

就像产品从诞生之初到最终消亡的生命周期一样，我们的用户也有相应的生命周期。从开始注册 / 关注使用产品的普通用户，到在使用中不断摸索熟悉的熟练用户，再到使用频率达到高峰的重度使用者，我们的用户会在一段时间后慢慢减少使用产品的次数，直至最后完全不使用产品，用户生命周期宣告结束，如图 3-1 所示。

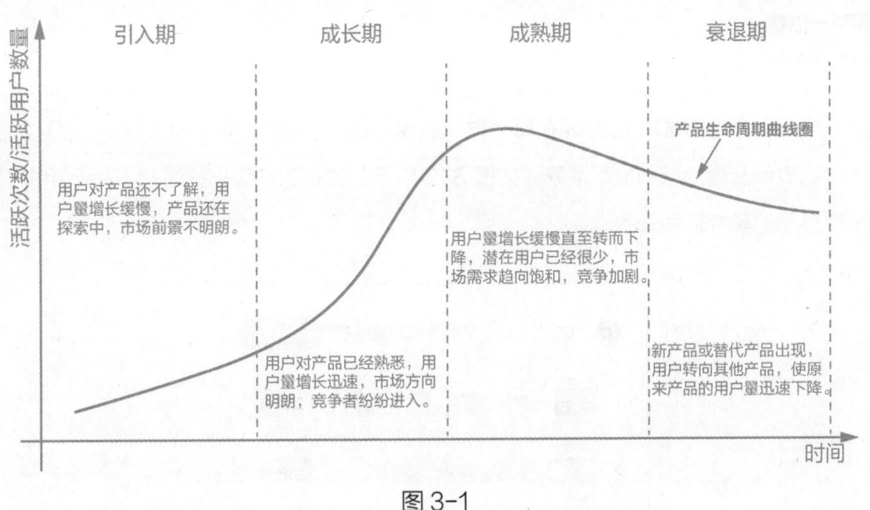

图 3-1

了解用户生命周期后，通过观察用户的使用行为和频率，得出用户所处的阶段，然后依据该阶段的属性特点制订目标、策划活动，可以让这批用户尽可能多地留存下来。

（2）流失用户的定义。

定义流失用户是提高用户留存率的起点。流失用户，一般指那些曾经使用过产品或服务，但后来由于某种原因不再使用产品或服务的用户。在实际工作中，根据产品或服务的业务类型不同，流失用户也有很多不同的定义。

运营人员需要根据产品的业务类型，划分不同用户群体的关键维度和数据指标，对关键性的行为指标进行量化，由此来定义并判断用户是否流失。

比如电商类产品，根据用户购买行为定义，用户多久未再次购买可算作流失用户；内容类产品，根据用户访问行为定义，用户多久未访问可算作流失用户；视频类产品，根据用户观看行为定义，用户多久未观看可算作流失用户。

总之，在实际工作中，运营人员需要结合产品业务类型，明确定义、量化流失用户，以便为实际工作的展开提供依据。

3. 提高活跃度

提高活跃度即促进用户活跃，简称促活。活跃的用户会经常登录应用、使用产品、在平台中留言，为网站、产品、平台创造更多价值。

典型案例

打开任何一个 QQ 群，会发现在每个群员名字前面都标有 LV100、LV85……LV1 的等级标签，依次表示从最活跃到最不活跃，如图 3-2 所示。这样的等级标签是根据每个用户日常在群里留言互动的频度来划分的。

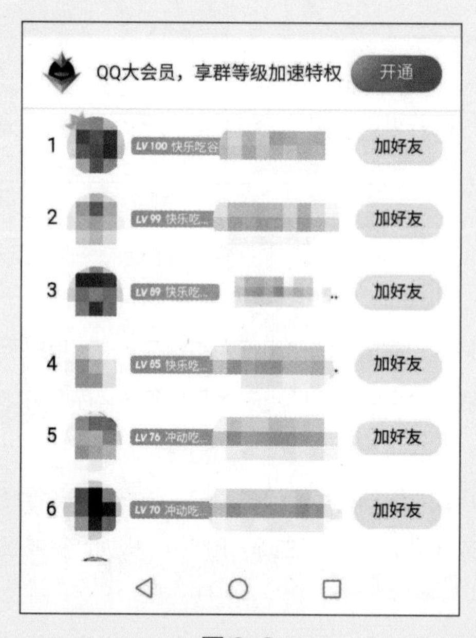

图 3-2

QQ 群里活跃的成员，通过频繁发言，可以保持整个 QQ 群的气氛和热度，带动不活跃的成员加入讨论互动，这就是活跃用户的价值。

促进用户活跃（以下简称“促活”）是不少活动运营的目标，大致可以分为两大部分：让不活跃的用户变得活跃和让活跃的用户更有价值。

首先，要明确什么样的用户是活跃用户。跟流失用户相对应，活跃用户可以根据使用产品的频次来定义，比如一周登录或使用产品多少次可被定义为“周活跃用户”；每月登录或使用产品多少次可被定义为“月活跃用户”。根据产品的属性不同，其活跃用户的定义是有差别的。

根据活跃用户的定义标准，统计并分离出活跃与不活跃的用户，再通过分析活跃用户的行为属性明确他们活跃的原因。

如果把目标定为让不活跃的用户变得活跃，则可以制订针对不活跃用户或者全体用户的活动方案，让不活跃的用户增加登录或使用的次数，提高活跃度；也可以让活跃用户带动不活跃的用户，以此促进整体的用户活跃度。

如果把目标定为让活跃用户更加活跃，活动就应针对活跃用户群体的属性开展。

4. 召回流失用户

总有些用户会因各种原因而流失，而这批流失的用户，是我们后期活动中要想办法找回来的。召回流失用户，就成了一些活动运营的目标。

在制订这样的目标之前，必须知道用户流失的原因。

典型案例

某公司旗下微信公众号近段时间流失了很多用户，为了分析用户流失的原因，公司做了调研，相关数据如表 3-1 所示。

表 3-1

时间	新关注人数	取消关注人数
2019 年 10月 18 日	2 002	604
2019 年 10 月 19 日	1 300	570
2019 年 10 月 20 日	3 000	324
2019 年 10 月 21 日	2 600	900
2019 年 10 月 22 日	950	673
2019 年 10 月 23 日	1 100	534

通过分析发现，问题在于微信公众号的推送过于频繁，导致推送文章的质量有所下降。由于没能提供具有实操性的内容给用户，造成了每次推送文章时，会有大批用户取消关注，从而造成用户流失。

用户的流失总是有迹可循的，有时是产品的体验存在问题，有时是产品的功能无法满足用户的需求，等等。这些流失的用户有些可能去了竞争对手那里，有些可能对我们的产品不满而向周围的人抱怨、传达不好的信息，从而带来负面影响。

因此，有必要通过某些途径召回这部分用户，告知他们产品已经改善的信息，邀请他们再次关注、体验，重新信任产品。

3.1.2 活动特征

活动的设计方法多种多样，并随着用户的变化不断更新迭代，但不管如何变化，一些活动的关键特征始终都会保留。因此，掌握活动的关键特征，对于活动策划、活动执行以及整个活动运营都是很有帮助的。

一场活动其实就是一个小产品，核心在于如何满足用户的需求特性。每一次活动都是一个用户认知、参与、分享的过程；要想让用户参与到各个环节，就需要满足用户的某些特性。主流的运营活动的关键特征可分为以下几种。

1. 互动

互动是活动的典型特征之一。通过互动，能够将潜在的用户群体吸引到活动中来。

强调互动的活动有 3 个要点：一是这类活动要尽可能地大众化，不然很多人无法参与；二是这类活动要相对有趣，如果太过平淡，用户没有参与的动力；三是活动环节必须要用户参与互动才能完成，不能只是活动方的独角戏。

典型案例

微博平台的账号经常发起各种话题，如“自热食物有灵魂吗”等；知乎平台上的用户也经常讨论“为什么《睡前消息》视频镜头前要放一只猫”等类型的话题，如图 3-3 和图 3-4 所示。平台所发起的此类话题，便是一种互动活动。这类活动通过把握用户的某些特征，以一种贴近大众生活的方式发起，从而引起网友的共鸣和讨论，这样既能吸引更多的用户来到平台参与活动，更能达到促活的目的。

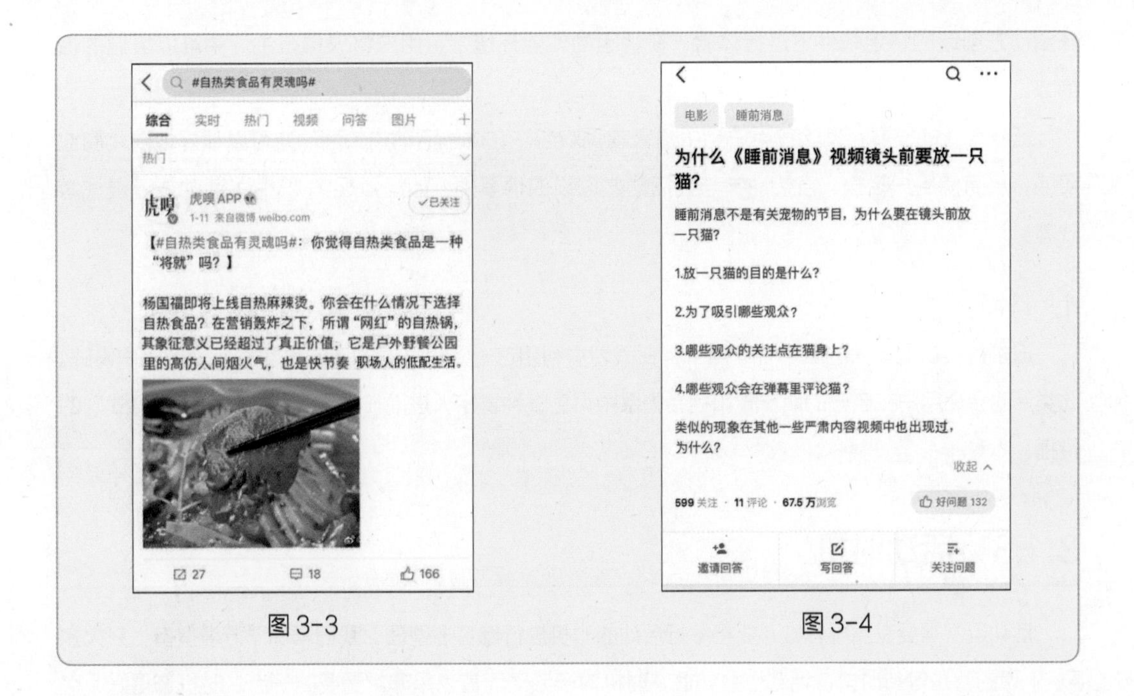

图 3-3　　图 3-4

2. 新奇

人人都有好奇心，独特、新奇，甚至怪诞的内容，总是可以获得人们的关注。在活动中加入新奇的元素，就是利用了这一特征来吸引关注。通常，活动策划依靠内容、人物和形式 3 种方式吸引用户。

（1）内容。

依靠活动内容的新奇吸引用户，从而激发用户因好奇而产生点击甚至分享的欲望。

（2）人物。

依靠人物的新奇，以人物来吸引用户。较常见的方式就是利用明星、社会名人的关注度来吸引用户，效果显著。但是，围绕人物策划的活动往往需要对应的资源，活动门槛比较高。

（3）形式。

以新奇的形式来吸引用户。技术的不断进步，令每一个阶段都会产生很多前沿技术带来的新奇形式，利用新形式策划的活动，可以给用户带来耳目一新的感觉，从而引发大量关注。

3. 体验

体验和互动具有一定的相似性，但体验更能促使用户深入参与。用户在参与某个活动时，会在活动方创造的特定条件下进行体验。在特定的体验环境下，用户将获得在生活中难以复制的惊艳感。

随着行业的发展，体验在用户当中越来越受欢迎。在体验活动中，活动方可以很好地淡化商业目的，从而使用户轻松、直接地参与到活动方创设的情景中，如虚拟现实（VR）活动或沉浸式游戏等。

4. 认同

追求社会认同是人的基本心理需求，在策划中利用这一特点开展的活动也常常会受到用户青睐。此类活动会让用户在自己的朋友圈和社会关系中得到某种肯定，进而在社交媒体上产生“病毒式”的传播。

3.1.3 活动时机

活动运营需要有全局思维，要将举行活动的时机进行综合性整理。我们常说“万事俱备，只欠东风”，说的就是等待时机。活动也是如此，时机对于活动而言也是非常重要的一点，时机选得好，可以达到事半功倍的效果，反之，就算在细节上做得再好，活动效果也会大打折扣。通常，活动运营可以借势节假日、大型消费日、热门事件 3 个时机。

1. 节假日

节假日分为两大类，一类是中国传统节日，比如春节、元宵、七夕等；一类是现代性的节日，如元旦、儿童节、情人节等。这些节假日有一个共同特点：时间固定。它们的可预知性大大方便了活动举办的借势需求，让主办方有足够的时间做好充分的活动准备，以便达到最佳活动效果。需要注意的是，如果要在清明节、中元节等纪念先祖的节日开展活动，必须十分谨慎，以免造成用户的反感。

2. 大型消费日

随着电子商务的快速发展，最早由电商平台发起的线上活动，已经成为全社会性的消费性节日。“双 11”“双 12”“618”“818”等，都是人们熟知的大型消费日。这些消费性的节日，经过长时间的运营发酵，用户已经非常熟悉，所以借势大型消费日做活动，也可以达到事半功倍的效果。主要的节假日及大型消费日的时间点如图 3-5 所示。

	1月	2月	3月	4月	5月	6月
节假日	元旦	春节（农历正月初一） 元宵节（农历正月十五）	“三八”国际妇女节	清明节	国际劳动节	国际儿童节 端午节（农历五月初五）
二十四节气	小寒 大寒	立春 雨水	惊蛰 春分	清明 谷雨	立夏 小满	芒种 夏至
大型消费日						“618”电商节
	7月	8月	9月	10月	11月	12月
节假日			教师节 中秋节（农历八月十五）	国庆节 重阳节（农历九月初九）		
二十四节气	小暑 大暑	立秋 处暑	白露 秋分	寒露 霜降	立冬 小雪	大雪 冬至
大型消费日		“818”电商节			“双11”购物节	“双12”购物节

图3-5

3. 热门事件

和节假日、大型消费日不同，热门事件分为“可预知”和“突发性”两类。可预知的热门事件，比如各种新品发布会、大型赛事等，这些热门事件虽然不是每年都会举办，但一旦确定举办，举办时间都能提前几个月公布，因此也给我们的活动借势留有足够的时间去准备。

突发性热门事件，无法提前获知，因此平时要在平台进行演练、准备充分，一旦有可以借势的事件出现，就可以快速行动。这类活动的策划和执行的难度都非常高，一旦操作得当，获得的收益也非常可观。从传播性来看，常常可以获得指数级增长的恰恰是那些借势突发性热门事件的活动。

4. 阶段计划

根据活动时机提炼出活动阶段计划是非常重要的工作，因此阶段计划也被称为活动运营的总纲。成熟的活动运营人员并不是在某个热点到来后才开始“抓热点、做活动”，而是很可能提前一年就进行了热点的预判及前期准备。

成熟的活动运营团队一般以年为单位，提前设计全年的活动规划。全年活动规划设计有两个重要的作用。第一，制订全年活动的整体框架可以减少运营的随机性，防止运营人员“临时抱佛脚”，不断追随热点而没有运营主线；第二，规划出全年的活动安排有助于相关执行人员灵活安排时间，提前筹备活动海报、活动文案等活动素材。

典型案例

支付宝为什么要花费巨资和央视春晚合作举办集五福活动?

答案是支付宝需要通过这样的大型活动来推动业务发展，以实现其商业目的。例如 2016 年集五福的活动，用户需要在支付宝添加好友才能参与，这实现了支付宝社交功能的拓展；2017 年，支付宝则停止了推广社交关系链，转而注重线上、线下结合，希望通过如图 3-6 所示“AR 红包地图”的方式，让用户走到线下实体店扫“福”字，为商家导流。

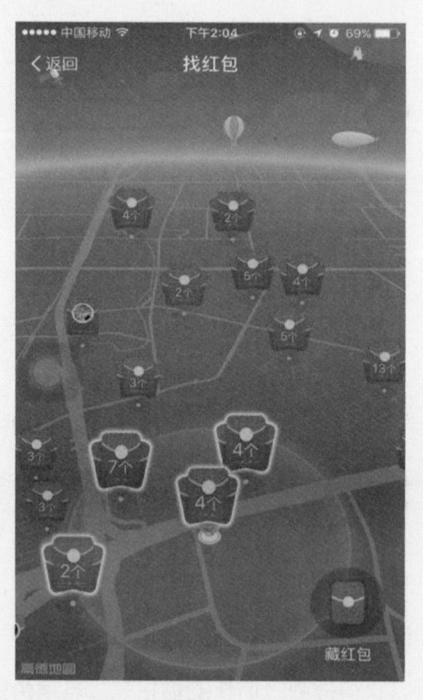

图 3-6

不管是目的、形式还是活动寓意，从运营角度来看，支付宝集五福活动都体现出了较高的创意水准。通过集五福活动，我们也可以看到活动以及活动运营对产品的重要意义。

酒香也怕巷子深，移动互联网产品也一样。无论功能或体验多好，都有可能遇到无人问津、缺少用户的情况。没有用户就无法形成口碑，雪球就滚不起来。想要解决这个问题，首先要给用户一个关注该产品的理由。

因此，运营人员要发挥“活动”这只手的作用，不断策略性地引导用户访问、参与或购买，再凭借优质的产品品质，不断强化用户对产品的认知，促成用户留存和口碑传播。

知识总结

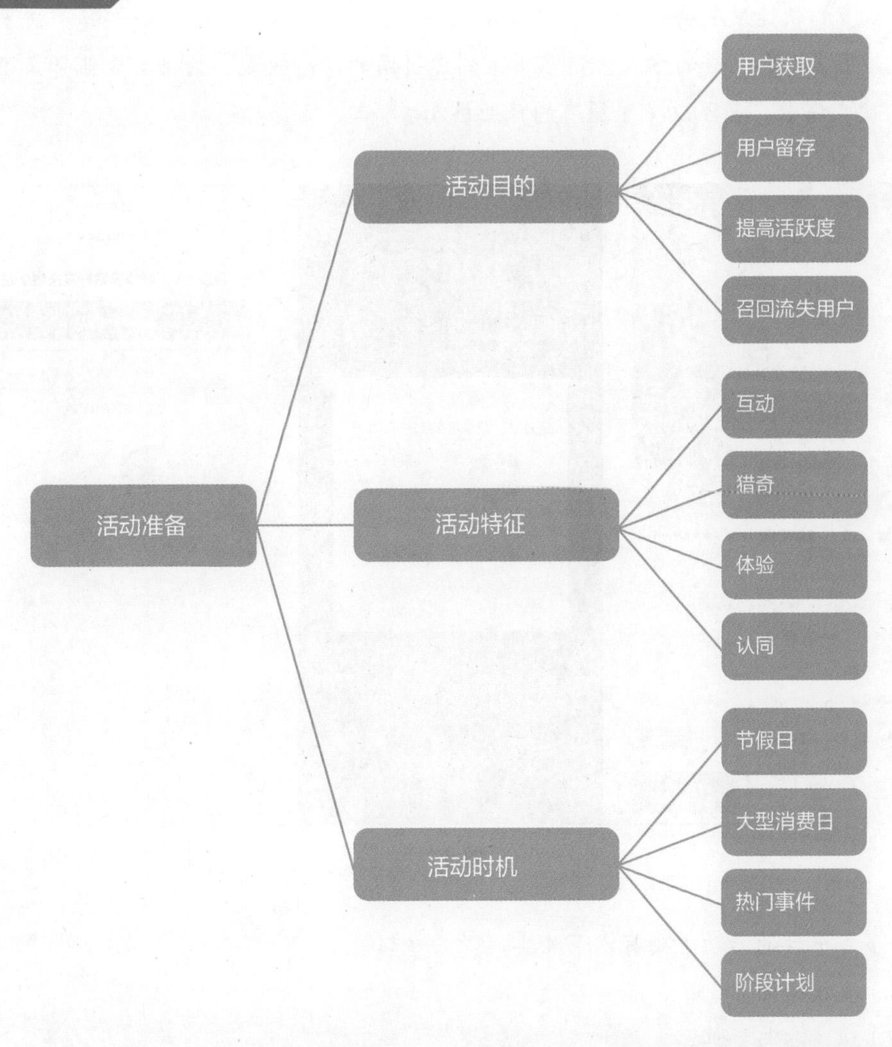

3.2 活动策划

引导案例

2015年9月，拼多多正式上线。2020年，拼多多发布的2020年第三季度财报显示，拼多多的平均月活跃用户数已达6.434亿，年活跃买家数达7.313亿，成为除阿里巴巴、京东之外中国电商领域的又一巨头。

拼多多的快速发展得利于“拼团模式”，如图 3-7 所示。“老铁砍一砍”“快来拼一单”成为很多人打招呼的方式。拼多多策划出拼团的活动模式，为平台企业带来了用户量的裂变式增长，甚至改变了原有的产业格局。

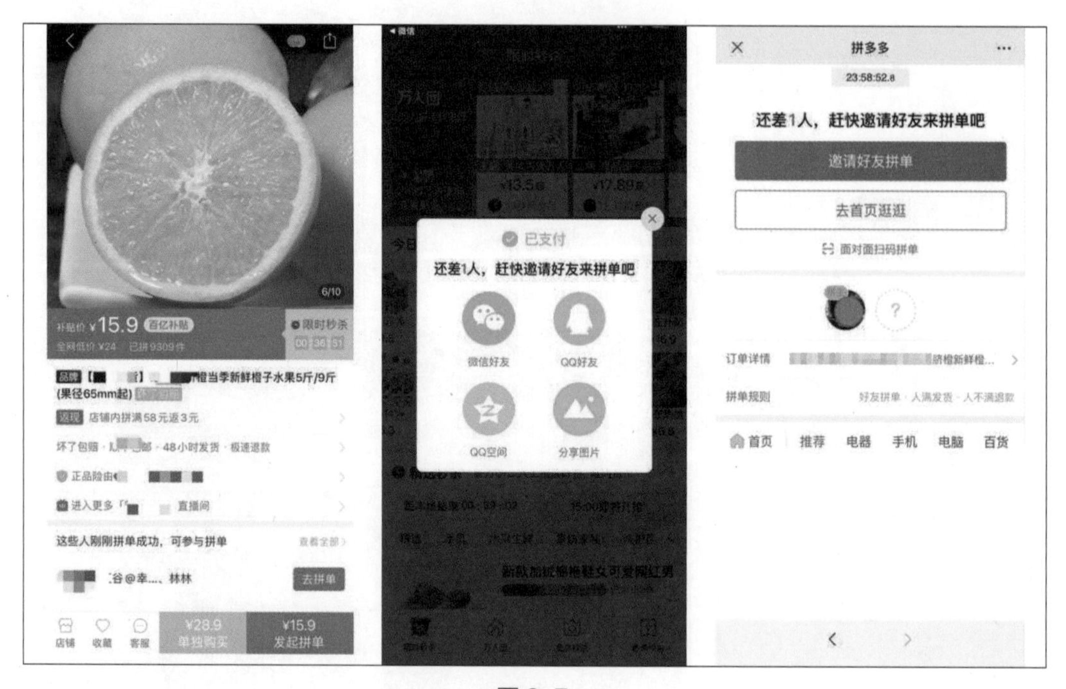

图 3-7

拼多多平台的活动主要有以下 4 类。

（1）直接拼团。

（2）邀请参与拼单。

（3）邀请助力——砍价免费拿、团长免费拿、助力享免单。

（4）分享互惠——现金签到、分享领红包。

其中分享互惠是拼团模式的核心，也是社交电商的关键交互方式，决定着拼多多很多关键指标，直接影响传播的效果。

那么，在活动策划中，如何策划出具有创新性的活动形式？如何抓住活动的关键指标？

3.2.1　目标分解

一场成功的活动始于策划，活动运营超过一半的工作量都在策划阶段。活动策划的核心主要包括“目标分解”和“形式设计”。在每次活动开始前，运营人员都要先把活动目标分解清楚，根据目标设计活动形式。在设计形式的同时，运营人员需要将目标数据植入活动形式，以便对活动进行监控。目标来源于目的，目标是目的具体化的表现。分解活动目标则是策划活动的起点，也是思考的源头。

将目标分解为拉新目标、留存目标以及活跃目标等清晰的数据指标，能够让大家看到活动的可操作性，也能更加有效地跟进运营过程，有利于掌控活动。而在分解之前，需要先掌握目标分解的方法与原则。

1. 目标分解的方法与原则

目标分解的最佳方式是利用议题树进行结构化分解，如图 3-8 所示。议题树（issue tree）又称树杈图，最大的好处就是层层分解，把目标拆分得很细，令整个目标清晰可见，让各部门了解每一步具体需要做什么。最后只要子目标完成了，大目标也就完成了。

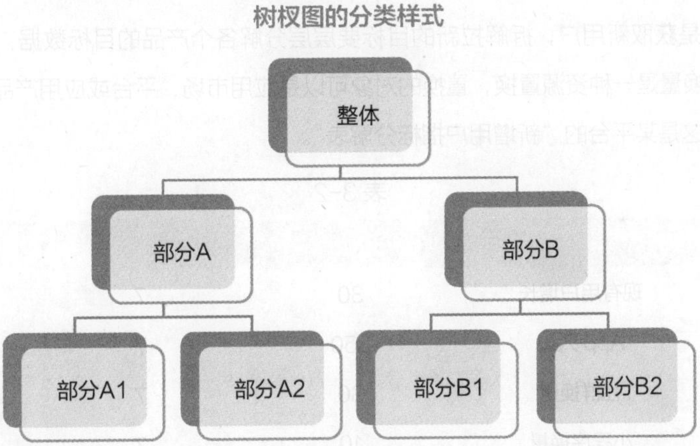

树杈图的分类样式

整体

部分A　部分B

部分A1　部分A2　部分B1　部分B2

图 3-8

知识拓展

MECE 原则

MECE 原则，全称 Mutually Exclusive Collectively Exhaustive，中文意思是“相互独立且穷尽”。

MECE 原则是搭建议题树的首要原则及核心原则，由 ME 和 CE 两个部分组成。这一原则最初由麦肯锡顾问芭芭拉•明托[3]在 20 世纪 50 年代提出，并随着《金字塔原理》一书风靡全球。

（1）ME。

ME 原则代表的是不同子问题之间相互独立，没有交集。放到议题树中看，就是各项关键议题之间的内容没有交集或重复，而且每个关键议题下面的各层级议题也没有交集或重复。

（2）CE。

CE 原则代表的是全部问题没有遗漏，将问题分解出的各个部分都解决好，即可解决整个问题。例如，解决了一个三级议题，意味着解决了该三级议题下面的所有四级议题；换句话说，解决了所有的子议题，就可以解决对应的上一层级议题。同理，把所有的二级、三级、四级议题解决好，就可以解决我们的一级议题，也就是基本问题。这一点很好理解，如果没有穷尽所有的可能性，出现遗漏，就会导致工作不完整，进而导致工作失败。

2. 拉新目标的拆解

拉新的核心是获取新用户，拆解拉新的目标要层层分解各个产品的目标数据，如现有用户增长量、社群换量（换量是一种资源置换，置换的对象可以是应用市场、平台或应用产品）等。相关内容示例见表 3-2，这是某平台的“新增用户指标分解表”。

表 3-2

增长方式		日新增量	活动天数	总量预估
自然增长	现有用户增长	30	7	210
	App 入口	350	7	2 450
渠道增长	社群换量	30	7	210
	小程序换量	10	7	70
	新渠道入口	30	7	210
活动增长	线下活动	0	7	0
	线上裂变活动	0	7	0
总计				3 150

3 芭芭拉・明托（Barbara Minto），出生于美国俄亥俄州。她是哈佛商学院首批女学员之一，1963 年被麦肯锡顾问公司聘为该公司有史以来第一位女性顾问。芭芭拉・明托向商业或专业人士推崇的《金字塔原理》已成为麦肯锡公司的公司标准，并被引入到哈佛商学院、斯坦福商学院、芝加哥商学院、伦敦商学院以及纽约州立大学等著名院校中。

典型案例

在上述内容中，已经提到在具体分解目标时，可以使用议题树的方式进行目标分解。以下提供一个具体目标分解的案例，尽管随着时间发展，案例中可实现的效果会发生变化，但是案例中具体的分析过程却非常值得学习。

某公司要求在 3 月底把微信公众号的用户数量翻一倍，即从 2.5 万用户提升到 5 万用户，且不能申请预算。

拿到这么个目标，你会怎么做?

正确的思路是全面分析微信公众号用户的增长途径，评估每个途径需要做哪些事项，以及每个事项可以带来哪些增长。具体的分解如下。

（1）用户自然增长。

分析 2 月份全月的用户增长数据，发现平均单日的用户增长为 130 ~ 150 人，只要整体内容质量不下降，平均每天可以保持 150 人的用户自然新增。据此，通过第 1 个用户增长来源可获得的新增用户：150 人 / 天 ×30天 =4 500 人。

（2）高质量内容。

参照以往经验，每次产出一篇高质量的深度文章，在之后 3 天左右的时间里，预计可以额外带来大约 500 位用户。根据现有的时间、精力和能力，预计可以每周产出 2 篇爆款文章。据此，通过第 2 个用户增长来源可获得的新增用户：500 人 / 篇 ×2 篇 ×4 周 =4 000 人。

（3）文章转载。

按照已知的信息预估，预计 3 月份的文章转载合作可以增加 50% 以上，每天可带来 80 人的用户增长。据此，通过第 3 个增长来源可获得的新增用户：80 人 / 天 ×30 天 =2 400 人。

（4）主题连载。

3 月份预计启动一系列与运营相关的文章的连载活动，随着连载活动的开展，预计每篇可以额外带来 300 人左右的用户增长，这个系列连载预计每周 2 篇。于是又有了一个用户增长来源，由此可获得新增用户：300 人 / 篇 ×2 篇 ×4 周 =2 400 人。

（5）用户传播。

在线课程的传播和用户上完课后的口碑传播会带来更多的用户，预计可以带来 3 000 人左右的用户增长。

（6）课程拉新。

3月份上线新课，可以围绕着这门课程做活动，根据以往课程的报名人数估算，这个小活动预计带来1 500 人左右的用户增长。

（7）大号互推。

3 月份组织大号互推，运营人员邀请大号在第二条图文中撰写推广内容、添加引导关注的二维码。这些大号的副图文阅读量都在 3 500 人左右，以互推用户转化率 12% 来计算，组织 6 位大号进行互推，预计可以带来新增用户：3 500 人 / 号 ×6 号 ×12%=2 520 人。

（8）H5 传播。

3 月份进行 2 ~ 3 次以拉新为目的的线上活动或 H5 传播，预计每次活动或带来 1 000 人的用户增长，总体将带来 3 000 人的用户增长。

（9）渠道外推。

针对知乎、简书等其他内容渠道，做内容外推也能拉动用户增长，预计会带来 1 500 人左右的用户增长。

以上 9 项，假如全部落地且全部达到预期，合计可以带来约 2.48 万人的用户增长。

3. 留存目标的分解

留存是衡量产品是否能够持续发展的重要指标，因此留存目标的分解对产品的发展至关重要，留存常见的数据包括留存用户量和留存率，分解内容见图 3-9。

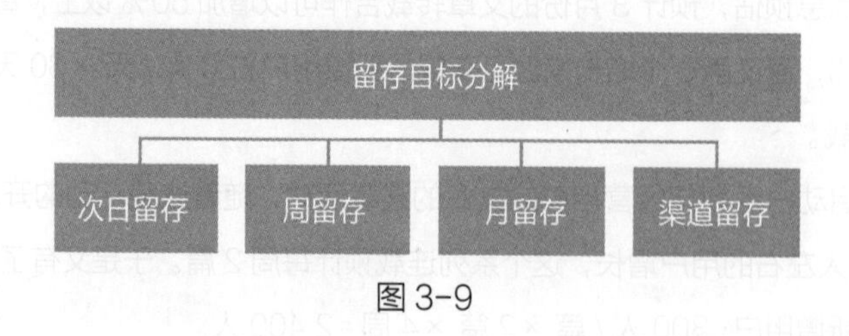

图 3-9

（1）次日留存。

面向新用户的留存目标，一般情况下，结合产品的新手引导设计和新用户转化路径，就可以分析用户的流失原因，进而通过不断修改、调整内容和活动来降低用户流失率、提升次日留存率。通常，次日留存率如果可以达到 40% 就说明产品非常优秀了。

（2）周留存。

周留存，又称 7 日留存。通常来说，在以周为单位的周期时间内，用户通常会经历一个完整的使用或体验周期，如果在这个阶段用户能够留下来，就有可能成为忠诚度较高的用户。

（3）月留存。

月留存，又称 30 日留存。通常移动 App 的迭代周期为 2 ~ 4 周（即一般 2 ~ 4 周会推出一个新版本），所以月留存能够反映出 App 某一个具体版本的用户留存情况。每次版本的更新，总是会或多或少地影响用户的体验，所以通过比较月留存能够判断出每个版本更新对用户留存的影响程度。

（4）渠道留存。

因为渠道来源不一，用户质量也会有差别，所以有必要针对渠道用户进行留存分析。而且排除用户差别的因素以后，再比较次日留存率和周留存率，可以更准确地把握用户留存情况。

4. 活跃目标的分解

活跃用户的数量 / 总用户数 = 活跃率，通过观察活跃率可以知悉用户的活跃程度。如果用户的活跃率不够稳定，就需要经过一定时间的积累沉淀，直到能够达到维持产品利润的时候才算是及格，比如，活跃率在 10% 以上，是业内公认的良好的用户活跃表现。

常见的活跃指标包括日活跃用户（DAU）、月活跃用户（MAU）。

3.2.2　活动设计

活动设计是活动运营的灵魂。平淡无奇的活动无法抓住用户的注意力，丰富多彩的跨界活动和形式新颖的活动创意将有助于提升活动效果。

接下来，我们就来介绍线上活动和平台交易活动这两个大类的相关活动设计，并对活动设计原则进行讨论。

1. 线上活动的设计

（1）线上分享。

线上分享活动主要以网络为载体，是借助第三方软件，由特定的主讲人向目标受众传递某一领域专业信息的过程，如图 3-10 所示。活动可分为付费和免费两类，但一般情况下以免费为主，特别是一些公众号举办的分享活动。做付费活动的多为专职做微课、开设培训班的企业或者公众号团队。

图 3-10

（2）留言 / 点赞。

留言 / 点赞是一种常见的互动形式，留言点赞数符合活动主办方设置的奖励条件的用户，可获得相应的奖励，如图 3-11 所示。这是非常简单、易操作的小活动，没有严格的时间限制和烦琐的报名程序，仅仅需要一篇合适的文章以及能调动用户留言欲望的奖品。当然，有 1 个关键的前提：公众号已经获得原创保护功能，并且文章是以群发的形式发布出去的，才具有留言的功能。

（3）抢楼 / 盖楼。

抢楼 / 盖楼活动一开始是由贴吧楼主（即发起人）发起的，规定在主题帖内第几楼（第几个回复）的人将获得相应的奖品，如图 3-12 所示。这些奖品一般由楼主提供，可以是话费、支付宝红包、现金、商家的商品、促销优惠等。现在微信公众号也可以抢楼了。这种活动的发起，有各种各样的由头和名义，可能是个人庆祝生日、商家周年庆、店庆、新品发布等活动。通过吸引一大批用户的参与，达到活跃气氛、宣传产品、提高品牌知名度、树立良好形象、拉近与用户间的距离等目的。

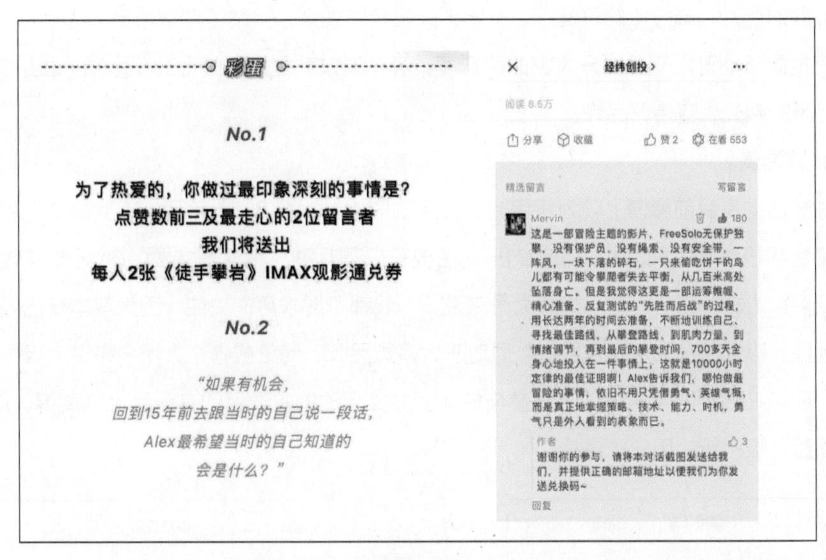

图 3-11

图 3-12

（4）投票。

投票是在平台中发起的投票活动，如图 3-13 所示。投票活动的主题可以是票选“最XXX”系列，例如票选最美的照片、最好听的声音等。按照事先设定的规则，奖励得票数最多的人。与抢楼 / 盖楼活动类似，投票活动可以充分提升大家的活跃度，甚至通过“拉票”的形式获取新一批的关注用户，从而提高品牌的曝光，宣传新品等。

（5）转发抽奖。

转发抽奖活动是目前微博上较为常用的一种活动形式，如图 3-14 所示。不管是个人用户还是商家企业，都会积极参与这种活动。抽奖的形式主要有以下几种：带话题转发、@ 好友并转发、关注并转发以及多种方式的结合。对于微博大号来说，一般都不要求用户关注，因为其本身已经拥有了较大的用户规模，吸引用户关注不是目的；而对于大多数品牌、商家或者个人用户来说，吸引用户则是首要目的，所以往往要求用户关注才能参与抽奖。抽奖活动的主要目的有新品上市宣传、活动宣传、提高商品销量、吸引新的用户关注等。

<返回
微博正文
21世纪经济报道
20-12-21 15:35 来自微博 weibo.com 已编辑
#中国潮经济#【财经投投看：零食品牌，你最喜欢哪家？】我国休闲零食行业细分品类众多。根据相关数据显示，饼干、膨化、坚果类零食品牌市场规模领先，其次是肉类卤味、蜜饯果干、糖果巧克力等零食品牌。下午茶时间到，你最喜欢的零食和零食品牌是啥，分享一下吧 #新生代最喜爱潮品牌#
零食品牌，你最喜欢哪家？
三只松鼠 345
周黑鸭 168
旺旺 195
良品铺子 198
乐事 118
卫龙 104
好丽友 47
其他欢迎评论区补充 46
1221人参与 投票已结束
@21世纪经济报道 创建
转发
评论
赞

图 3-13

图 3-14

知识拓展

常见的活动运营形式

在移动互联网的快速发展过程中，活动运营的形式始终都在不断变化和更新。但以下几种形式在活动运营中仍然较为常见。

（1）分享助力。

分享助力是一款“引流 + 病毒式”传播的活动，如图 3-15 所示。有些分享助力活动还可以加入倒计时功能，这样可以增加用户的时间紧迫感，促使用户积极参与、积极转发。

（2）在线答题。

在线答题是一种益智答题类的活动，可以把跟主办方相关的信息设置成题目，让用户参与答题的同时了解企业的营销信息和品牌概念，如图 3-16 所示。

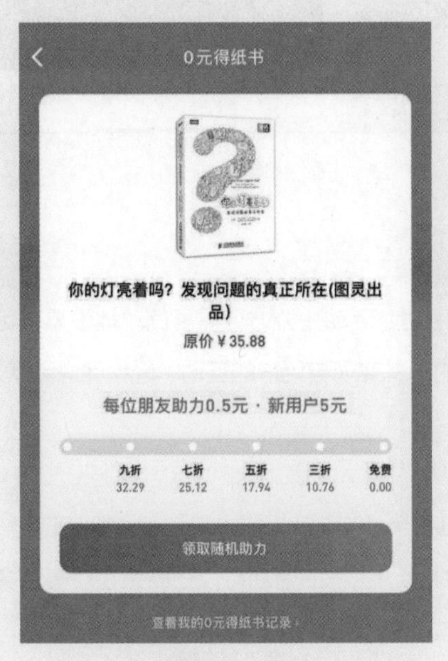

图 3-15

图 3-16

（3）拆福袋活动。

拆福袋是一款引流传播的活动。充满悬念的福袋和随机打开的概率事件，能够激发用户的好奇心，吸引用户积极参与，如图 3-17 所示。

图 3-17

（4）大转盘抽奖活动。

大转盘是目前应用较多、覆盖范围较广的移动端活动，活动主办方只需要简单地设置就可以在自己的公众平台和移动端开展活动，以抽取奖品的形式实现与用户的互动，轻松促进活跃、增加关注人数，如图 3-18 所示。

（5）拼团活动。

拼团是一种致力于借助社交流量变现的活动，如图 3-19 所示。商家可以建立拼团活动，让已成交的客户自主、自愿地转发活动链接，并凑单成团。这样的活动可以让商家在获得更多订单的同时，快速抢占移动端流量。尤其对于有电商交易的商家，比如商城、生鲜电商等，可利用拼团来进行薄利多销的营销活动，鼓励用户组团购买。可设置不同人数不同折扣、组团失败一键自动退款到用户钱包等功能，还可以设置多种团购折扣组合方式，用户可自由选择参团或者开团。例如，根据自己需要的折扣进行开团，开团后将团购页分享给好友，好友进入后直接参团即可。

图 3-18

图 3-19

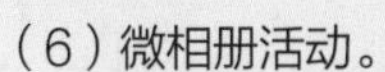

（6）微相册活动。

微相册是一种为用户提供图片存储和展示功能的活动，用户基于对图片的兴趣进行分享，如图 3-20 所示。借助微相册活动，企业可以方便地创建相册，轻松地发布需要展示的照片，还可以将其扩展为一种自我展示的方式。

（7）九宫格抽奖活动。

九宫格抽奖是一种简单有效的活动形式，商家可以通过制作九宫格抽奖活动吸引用户关注，并根据营销需求设置多种奖项。如图 3-21 所示，用户随机抽奖，商家则在用户抽奖时实现订单的成交以及用户数据的收集。

（8）刮刮卡活动。

刮刮卡活动常用于吸引用户关注企业官方微信，而且效果不错，企业通过刮刮卡送好礼的方式，可以吸引用户进行线上互动，如图 3-22 所示。

图 3-20

图 3-21

图 3-22

（9）满减优惠接力活动。

满减优惠接力活动是商家吸引用户、提高用户活跃度的重要方法。满减优惠接力活动既可以选择金额优惠的形式，也可以选择折扣优惠的形式。用户不仅可以自己抢活动优惠券，还能邀请好友来为自己助力。邀请的好友越多，用户的优惠额度就越大，进而更容易促进用户分享与转发活动，如图 3-23 所示。

图 3-23

（10）砸金蛋活动。

砸金蛋活动是通过砸金蛋抽奖的方式让用户参与活动，通常会为用户获取奖励设置一个门槛，如图 3-24 所示。砸金蛋活动被广泛应用于庆典、商家促销、电视娱乐等场景，它的趣味性、悬念感能迅速活跃气氛。

图 3-24

2. 交易平台的活动形式

线上活动的形式偏重互动性，更多的是借助第三方平台发起一系列互动性较强的线上互动，以此达到拉新和促活等目标；而电商和生活服务等交易平台则偏重于交易的发生，以各种活动形式来刺激消费者产生购买行为，增加交易量。所以在交易平台上的活动运营主要有以下几种活动形式。

（1）买赠。

买赠是指通过向消费者赠送小包装的新品、金额较低的小件商品，或买 x 件送 x 件等形式，使消费者快速地熟悉企业的产品，刺激他们的购买欲望，从而迅速打开市场，为企业赢得稳定的利润。买赠活动的示例如图 3-25 所示。

（2）限时购。

限时购又称闪购，指限定某些商品在某个时间段内以特定优惠价售卖，目的是提高限时商品的下单率，提高支付转化率。有时，限时购的商品种类比较丰富，同时也会推出一些名牌商品，刺激消费者购买。在时间上，限时购营造了紧张的氛围，每场推出时间一般在 2 小时左右，先到先买、限量售卖，且折扣较低，一般以商品原价的 1 ~ 5 折进行销售，折扣力度较大。具体活动示例见图 3-26。

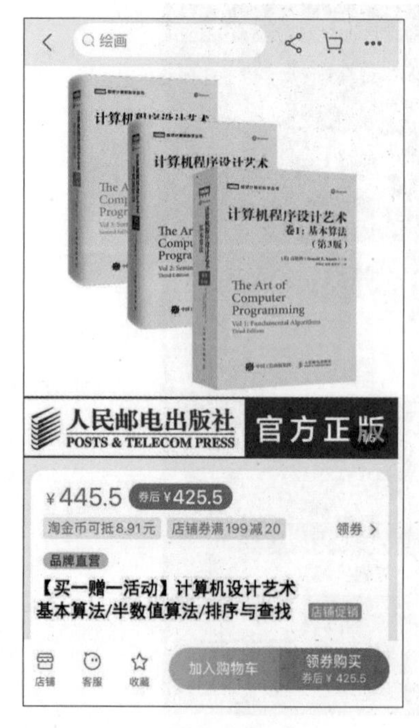

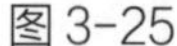
图 3-25

图 3-26

（3）特价。

特价指同一商品的售价低于该品类的整体市场价格，目的在于减少库存量，提高支付转化率。特价商品以比市场价低的价格或接近成本价的价格在同类商品中脱颖而出，对消费者更具有吸引力和号召力，以此占据更大的市场份额。有些成规模的商家往往主打价格优势，以特价的形式为自己赢得市场空间，以薄利多销的策略在竞争激烈的市场中角逐。

（4）预售。

预售是指在商品还没正式进入市场前进行的销售行为，目的是提高用户黏性，进行市场调研，避免贸然批量化生产造成的滞销、浪费。对于一些新推出的产品，可以通过预售情况来了解该产品是否有市场，特别是针对一些只能通过批量化生产的产品而言，通过预售达到一定销量后再投入生产，能有效规避生产风险。对于预售没有成功的产品，则表明该产品的实用性以及受欢迎度还有待论证。具体示例见图3-27。

图3-27

（5）加价购。

加价购，指在原来购买的基础上，只要再增加一小部分费用就可以购得原价相对较高的商品，目的是提高带货率。比如平常买这款商品可能要80元，但是现在只要加30元就可以购买了，这种可感知的价格差，提升了加价购商品的售卖数量，使主品的带货能力大幅提升。

3. 活动设计原则

在活动策划的过程中，我们考虑的往往是如何通过更具吸引力的交互形式和功能让用户参与其中，让用户在页面内贡献更多的点击和更长的停留时间，以达到各种活动运营的目的。不论是线上活动还是交易平台的活动，想要完成一次成功的活动策划，需要特别注意以下几个设计原则。

（1）轻松有趣。

活动就是让用户轻松“玩儿”，在玩儿的过程中达成企业的运营目标。所以，虽然运营对象不一定是游戏，但也可以让活动游戏化，这样更吸引人。

（2）操作便捷。

从用户收到活动通知到活动参与环节结束，每一步都存在用户跳出页面的可能。所以，设计活动时要尽量减少操作步骤，也不要让用户在非活动流程的页面之间不停跳转，否则会导致用户“迷路”，从而降低活动参与度。

（3）规则易懂。

活动规则要设置得尽量简单。用户无须思考，一眼就能看懂“去做什么，能得到什么”。另外，规则表述的方式也要尽量简洁。完整的活动规则需要用很多文字去描述，包括时间、操作方法、评奖办法、奖品列表、附加条件、注意事项等，这些对用户来说都是阅读成本。但其中绝大部分内容并不是必须阅读的，所以，应该确保用户只需了解关键环节就可以无障碍地操作。

因此，活动的核心规则要放在页面上方的显著位置，详细规则和免责信息放在页面底部，使用户不阅读也不会影响活动参与。当然这并不意味着后者可以省略。

（4）凸显用户收益。

用户参加活动会获得相应的物质或精神收益。在活动中应凸显用户收益符合人的利己心理。因此，活动页面要将用户收益放在明显的位置，并将之设置为最高优先级。

我们可以观察到，很多活动页面把奖品信息放到头图里，比如物质收益有 iPhone、红包、礼盒等，精神收益有特权、等级、头衔等，然后才列出活动规则和相关操作。

（5）可视化的进度标识。

用户参与活动一般都需要连续多步操作，所以应该在每一步操作之后都设计一个反馈，比如数字随之递增或进度条前进一步，以此告知用户操作成功且已被记录，也算一种精神激励。

活动页面需要打造出人气“爆棚”的氛围，这样可以满足人喜欢热闹的心理，所以很多活动页面都会设置“已有 12 345 人参与”等提示字样，并且相关数字随参与人数增加会不断刷新。

知识总结

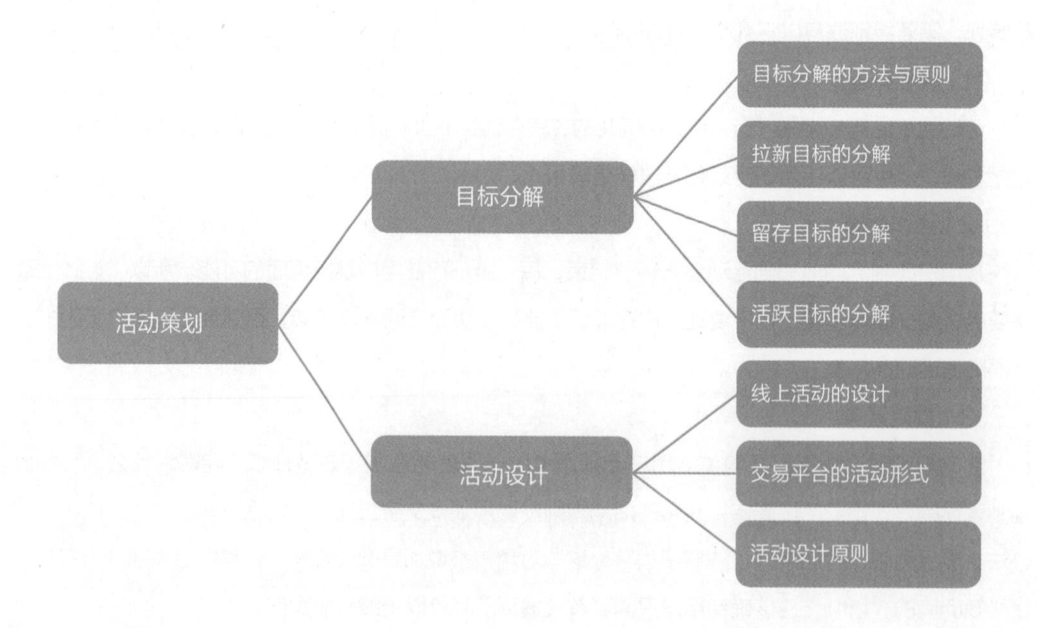

3.3 活动执行

引导案例

“双 11”购物节已经发展成一个全民性的消费日，根据天猫晚会现场数据，2020 年天猫“双 11”全天成交额达到 4 982 亿元，全天物流订单量达 22.5 亿单。

如此大规模的活动执行，已经不是一家企业能够单独完成的了，而是需要整个社会的协同和配合。天猫作为活动的发起者，从人、货、场 3 个层面逐步搭建“天猫双 11 作战计划”。

天猫“双 11”的筹备期从 9 月初就已经开始，整体分成以下 5 个阶段。

（1）9 月 1 日至 9 月 30 日为前站运营期，重点完成“双 11”整体计划、活动产品规划、“双 11”财务预算、“双 11”报名、预售商品报名、新品打造等工作。重点关注指标包括获取新用户的数量、获取新用户的成本、累计可运营人群总量。

（2）10 月 1 日至 10 月 20 日为蓄水期，重点完成现货申报[4]、内容种草[5]、标签加深、活动商品培育、会场素材准备等工作。重点关注指标包括内容互动量、搜索量等。

（3）10 月 21 日至 11 月 10 为预售和预热期，重点完成预售单品推广、引导加购和领券、老客户召回、促销利益点告知等工作。重点关注指标包括预售数据、加入购物车数据、领券数据、直播数据等。

（4）11 月 11 日为全场景营销日，重点工作包括数据追踪、转化、团队激励、老客户召回等。重点关注指标包括实时流量、UV 转化率[6]、现货销售额和预售尾款支付等。

（5）11 月 13 日至 26 日为复盘沉淀期，从各方面总结本次“双 11”工作的经验和教训，为后续活动提供指导。

那么，在活动执行过程中，运营人员应如何有计划、有步骤地规划活动安排？如何明确各阶段和不同岗位的工作重点？

---

4 现货申报：天猫“双 11”现货申报，指天猫平台上的各商家就“双 11”出售的产品进行申报，包括价格设置、优惠设定、库存管控，以及商品编辑等多方面内容。

5 内容种草：可以理解为我们常说的“口碑营销”，两者的本质都是借第三方之口，利用他人的人际关系或个人影响等来推荐某个产品或服务，最终达到商家预期的宣传效果。以前，实施“内容种草”的平台是百度、BBS、微博、微信，而现在则更多集中在小红书、抖音、B 站、知乎、快手等平台。

6 UV 转化率：在一个统计周期内，完成转化行为的次数占推广信息总点击次数的比率。

3.3.1 线上活动执行管理

过程执行是活动运营的根基。再优秀的策划方案，如果没有辅之以好的执行，都会变成纸上谈兵。

为了保证活动按照既定的方案顺利执行，运营人员需要高度关注事、物、人三方面，即活动事项、活动物料及团队协作。通过提前设计活动推进表、活动物料清单、活动统筹表三大表单，运营人员可以更系统地管理以上三方面的运营细节。

1. 用活动推进表跟进活动事项

活动推进表的关注点是“事”。一方面，在活动策划期规划出各事项的推进时间；另一方面，在活动进行期间跟进事项的完成情况。具体示例如表 3-3 所示。

表 3-3

本表只作为项目示例，不作实际使用

活动推进表

部门	运营	项目经理	李三三
启动日期	2020/11/28	结束日期	2020/12/14
当前日期	2020/12/4	剩余天数	10

任务简述	任务类型	负责人	任务进度	开始日期	截止日期	备注
确认活动策划案	活动策划	@张甲	100%	2020/11/28	2020/12/1	
确认活动流程	活动策划	@李丁	100%	2020/11/28	2020/12/1	
确认活动KOL	活动策划	@李丁	75%	2020/12/2	2020/12/4	
抽奖礼品筹备	活动物料	@严丙	50%	2020/12/2	2020/12/10	
宣传海报制作	宣传资料	@邱乙	25%	2020/12/4	2020/12/10	
宣传视频制作	宣传资料	@李丁	0%	2020/12/5	2020/12/12	
宣传文案撰写	宣传资料	@张甲	0%	2020/12/5	2020/12/11	
宣传物料投放	宣传投放	@邱乙	0%	2020/12/10	2020/12/14	
活动上线	活动上线	@李三三	0%	2020/12/14	2020/12/14	
活动数据统计	活动数据	@严丙	0%	2020/12/14	2020/12/15	
活动流量分析	活动数据	@严丙	0%	2020/12/14	2020/12/15	
活动转化率分析	活动数据	@严丙	0%	2020/12/14	2020/12/15	

2. 用活动物料清单跟进活动物料准备情况

活动物料清单即活动所需的所有线上及线下物料，其关注点在“物”。具体示例如表 3-4 所示。

梳理活动物料清单，主要是梳理以下两类物料。

第一类是线上物料，包括文案、海报、视频、音频、账号等。

第二类是线下物料，包括宣传单、条幅、手牌、贴纸、服装、道具等。

表 3-4

本表只作项目示例，不作实际使用						
活动物料清单						
项目	初稿时间	确认时间	内容	描述	负责人	备注
基础资料	——	4 月 15 日	活动介绍	完整介绍活动执行方案，用于对外合作沟通	张甲	
	——	4 月 16 日	主办方介绍	文字版，500 字左右，说“干货”	张甲	
活动宣传	4 月 12 日	4 月 17 日	微信公众号文案	预热和现场宣传两个版本，提前准备稿件	张甲	
	4 月 12 日	4 月 15 日	微博方案	预热和现场宣传两个版本，提前准备稿件	李乙	
	4 月 12 日	4 月 15 日	宣传视频	用户线上传播，提前预热，需要具有吸收力	李乙	
	4 月 9 日	4 月 12 日	投放账号	以行业类和本地新闻类为主	严丙、曾丁	
活动现场	4 月 9 日	4 月 16 日	宣传手册	16 开大小、不多于 8 页	严丙	
	4 月 9 日	4 月 16 日	宣传单	A5 纸大小、选择 157g 铜版纸	曾丁	
	4 月 9 日	4 月 16 日	易拉宝	H 型展架、铝合金支架、宽 80cm× 高 200cm	周己	
	4 月 10 日	4 月 17 日	条幅	用于活动现场，需负责人现场测量适合长度	邱戊	
	4 月 10 日	4 月 17 日	服装	志愿者服装，号码为 M、L，男款 25 套、女款 25 套	邱戊	
	4 月 10 日	4 月 17 日	工作证件	现场佩戴，50 套，具体图样需设计	邱戊	

运营人员在理清所需物料后，需要将每项物料责任到人，并标明完成期限，填入活动物料清单。

在活动执行过程中，运营人员需要跟进所有物料的完成情况，活动物料清单应尽量保证每日更新。对即将超期的物料，运营人员必须提前跟进，以防止发生物料延误的情况。

3. 用活动统筹表协调团队工作

活动统筹表之所以强调“统筹”，是因为该表单的主要使用者是活动运营的总负责人。借助该表，活动总负责人可以对参与人员进行统筹安排，以达到最合理的团队管理与调控目标，如表 3-5 所示。

表 3-5

本表只作为项目示例，不作实际使用

活动统筹表

部门	部门名称	项目经理	李三三
启动日期	2020/12/1	完成时间	2020/12/14
当前日期	2020/12/4	剩余时间	12

任务	备忘	负责人	状态	截止日期	工时
一、活动筹备		@张甲			
活动策划案设计	出文档版本即可	@张甲	已完成	2020/12/1	5.0
确认活动流程		@李丁	已完成	2020/12/1	3.0
确认活动 KOL		@李丁	进行中	2020/12/4	5.0
抽奖礼品筹备		@严丙	进行中	2020/12/10	3.0
宣传海报制作		@邱乙	进行中	2020/12/10	4.0
宣传视频制作		@李丁	进行中	2020/12/12	5.0
宣传文案撰写	撰写5个版本	@张甲	进行中	2020/12/11	5.0
宣传物料投放		@邱乙	待开始	2020/12/14	5.0
二、活动实施		@李三三			
活动正式上线		@邱乙	待开始	2020/12/14	
执行监督		@李三三	待开始	2020/12/14	
三、活动总结		@张甲			
数据统计		@严丙	待开始	2020/12/15	4.0
复盘总结		全体	待开始	2020/12/15	4.0

12月																						
1	2	3	4	5	6	7	8	9	10	11	12	13	14	15	16	17	18	19	20	21	22	23
二	三	四	五	六	日	一	二	三	四	五	六	日	一	二	三	四	五	六	日	一	二	三

一方面，活动统筹表包含活动推进表中的活动周期及各阶段的时间；另一方面，它也包含活动物料清单中的责任人、完成期限。

活动统筹表的关注点在“人”，利用该表可以清晰地掌握每一事项的负责人及其推进情况。

3.3.2 执行重点

1. 活动预热

线上活动的爆发时间很短，一般为 1 ~ 2 天。但为了这短暂的爆发期，要有前期的预热和后期的收尾，一前一后服务好活动的“波峰”。所以，运营人员要关注活动的整个阶段，把控活动的节奏。其中，活动预热非常重要，这关系到活动能否迎来“爆点”，以及活动热度到底有多高。预热的基本方式就是将活动信息告知用户，比如什么时间上线什么活动。如果希望效果更好，可以“包装”活动的卖点或悬念，以引起用户兴趣并使之持续关注。

2. 风险防控

在活动过程中，要提前关注可能存在的执行风险。具体执行可以列出有可能出现的所有风险点，根据每个风险点做出对应的备选方案，以确保即便遇到意外情况也能顺利开展活动。这就是做好风险防控的意义。

风险大概分为如下几类：

（1）**技术方面。**上线时间推迟或上线后出现技术问题。

（2）**推广方面。**资源未按时到位，或与预期不符。

（3）**用户方面。**活动主打卖点未引起用户兴趣。

（4）**外部环境。**其他突发热点分散了用户关注度。

（5）**法律方面。**有违法行为，如含侵权内容等。

（6）**规则漏洞。**用户找到规则漏洞，致使活动被“刷单”等。

3. 活动总结

经过前期策划、中期执行、后期发酵，活动本身已经结束，但活动运营工作还需要完成最后一个动作——总结。

活动总结首先是写给自己的，是对这段时间工作的回顾。其次，活动总结的意义是总结活动本身，好的地方以后继续发扬，不好的地方以后避免，这都是宝贵的经验。最后，活动总结也是为了汇报给上级和分享给同事的。

活动总结分为 5 个层面，如图 3-28 所示。

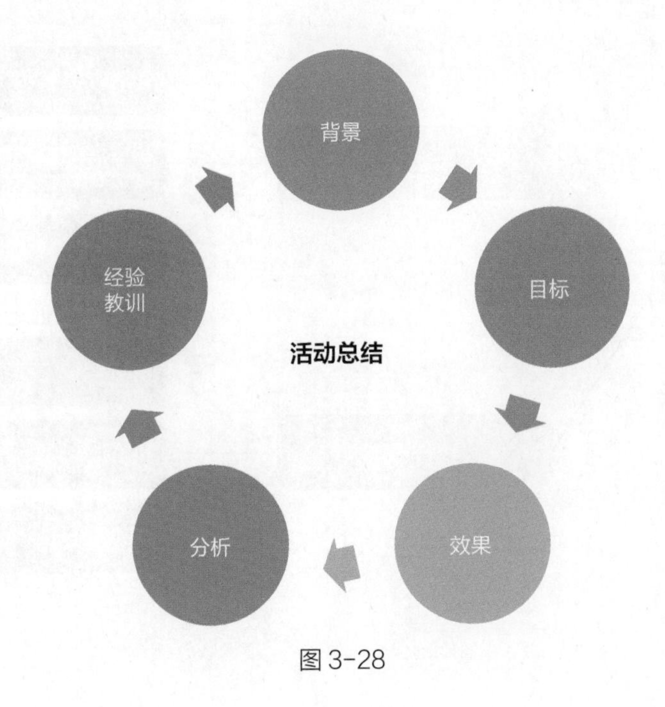

图 3-28

（1）背景。

因为总结要让所有相关人员都能看懂，包括不了解项目情况的同事，所以运营人员需要完整地写清楚活动背景，不能默认阅读者已了解所有信息。

（2）目标。

明确告知活动目标，如在什么时间范围内将什么数据指标提升多少等。

（3）效果。

这里特指核心的数据指标、最终效果，以及是否达到预期目标。在这里，过程数据和分析过程可省略。

（4）分析。

列出具体措施和相关数据，分析活动每一步进展的情况，得出结论。

（5）经验教训。

总结活动的优缺点，并逐条列出。

知识总结

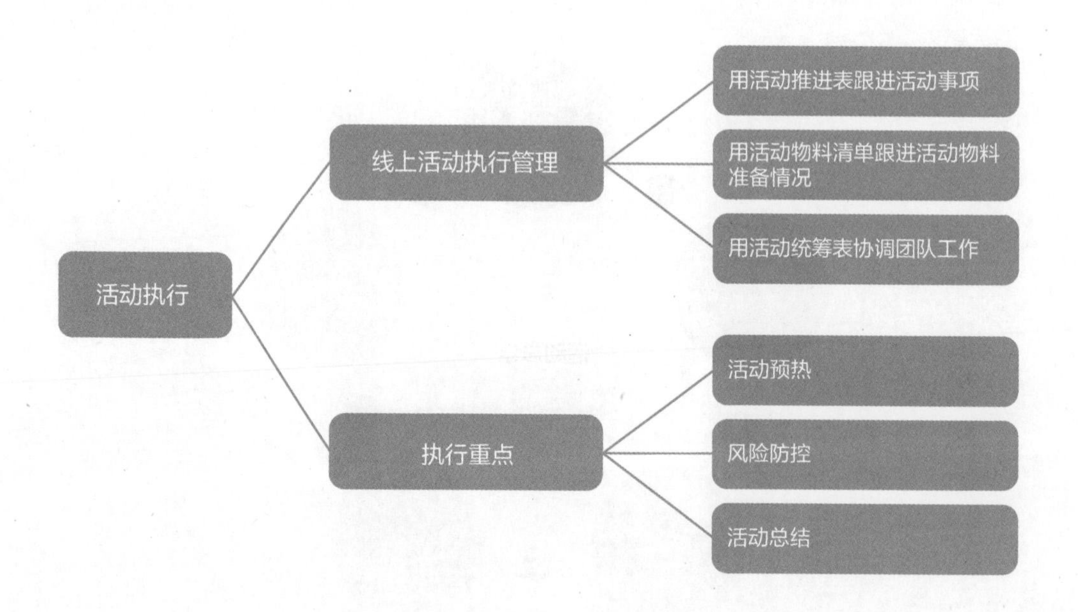

本章同步测试题

一、单选题

1. 每次活动开始前，运营人员都要先把活动目标分解清楚，再根据目标设计活动。一般在设计活动的同时，运营人员还会把跟活动目标相关的内容植入，以便对活动进行监控。此处与活动目标相关的内容是指什么？（　　）

A. 活动奖品　　B. 活动规则　　C. 目标数据　　D. 活动场地

2. 对目标进行结构化分解，分解得越细就越容易看清每一步需要达到的目的，从而实现最终目的。一般而言，对目标进行结构化分解的最佳的方式是什么？（　　）

A. 假设树　　B. 议题树　　C. 是否树　　D. 分解树

3. 在企业的发展过程中，活动运营的重要性不言而喻，以下哪一项是活动运营的灵魂？（　　）

A. 活动设计　　B. 奖品数量　　C. 参与人数　　D. 转发数量

4. 以网络为载体，借助第三方软件，由特定的主讲人向目标受众传递某一领域专业信息的过程叫什么？（　　）

A. 信息转发　　B. 线上分享　　C. 邀请点赞　　D. 邀请评论

5. 活动的运营需要综合性考虑，举行活动时机的选择对活动的效果起着决定性作用。因此，在日常的运营过程中，活动运营人员可以借势开展活动。以下哪个时间不太适合活动的借势？（　　）

A. 2 月 14 日　　B. 3 月 8 日　　C. 6 月 18 日　　D. 农历七月十五

二、多选题

1. 在策划一场活动前，活动目的决定着此次活动的主题、流程、创意以及相关人员的安排等，以下哪些是围绕用户而展开的活动所要达到的目的？（　　）

A. 获取新的用户　　B. 增加运营人员的关注者数量

C. 提高现有用户的留存率　　D. 提高现有用户的活跃度

E. 召回流失用户

2. 活动的形式多种多样，用户群体不同，活动的形式也会发生改变，但不管怎样变化，活动的一些关键特征始终都会保留。目前主流活动的要素包括以下哪些内容？（　　）

A. 满足新奇的心理　　B. 参与活动的互动　　C. 丰富诱人的礼品

D．活动独特的体验　　　　E．社会圈层的认同

3．留存率是决定产品是否能够可持续发展的重要指标，提高留存率是活动运营工作中非常重要的环节，所以在活动策划的过程中，需要对留存目标进行分解，一般可以分解为哪几个指标？（　　）

A．当日留存　　B．次日留存　C．周留存　　D．月留存　　E．渠道留存

4．活动设计是活动运营的灵魂，平淡无奇的活动无法抓住人们的注意力，而丰富多彩的跨界活动，形式新颖的活动创意，都有助于活动效果的提升。就线上活动而言，目前的活动形式主要有哪些？（　　）

A．线上分享　　B．留言点赞　C．抢楼 / 盖楼　D．网络投票　E．转发抽奖

5．活动设计也需要遵循一定的规则，这样设计出来的活动才更容易吸引用户的参与。这些规则包含以下几项？（　　）

A．可视化进度标识　B．操作便捷　C．规则易懂　　D．轻松有趣　E．凸显用户收益

三、判断题

1．活动运营不是谁都能做的，策划一场活动，对活动运营人员的策划能力、跨部门协调能力、项目把控能力、执行能力、应变能力等都有一定要求，所以，一般企业不会招一个完全没有做过活动的人来负责一场活动。（　　）

2．一个产品不能没有用户，源源不断地获取新用户才是产品的生存发展之本。因此，想要快速达到拉新的效果，精心策划一场线上活动是唯一的方法。（　　）

3．活动策划是整个活动的基础，核心主要包括目标分析和活动设计。在每次活动开始前，设定清晰的活动目标，可为活动设计提供思路。（　　）

4．买赠、限时购、特价、预售、加价购等活动形式，主要应用于电商和生活服务等交易平台的特色活动，并不适用于其他平台。（　　）

5．活动的运营包括前期的策划与后期的执行，其中活动策划占据了活动运营的一大半，因此，只要把活动策划做好，活动效果就能达成，与后期活动执行人员的能力关系不大。（　　）

四、案例分析

某学校附近的商场新开了一家快餐“重庆小面”，为了更好地提升客流，该店准备借助微信公众号进行推广，目的是吸引更多的用户到店消费。请为店家设计一个简单的活动运营方案。

第4章

生活服务平台基础运营

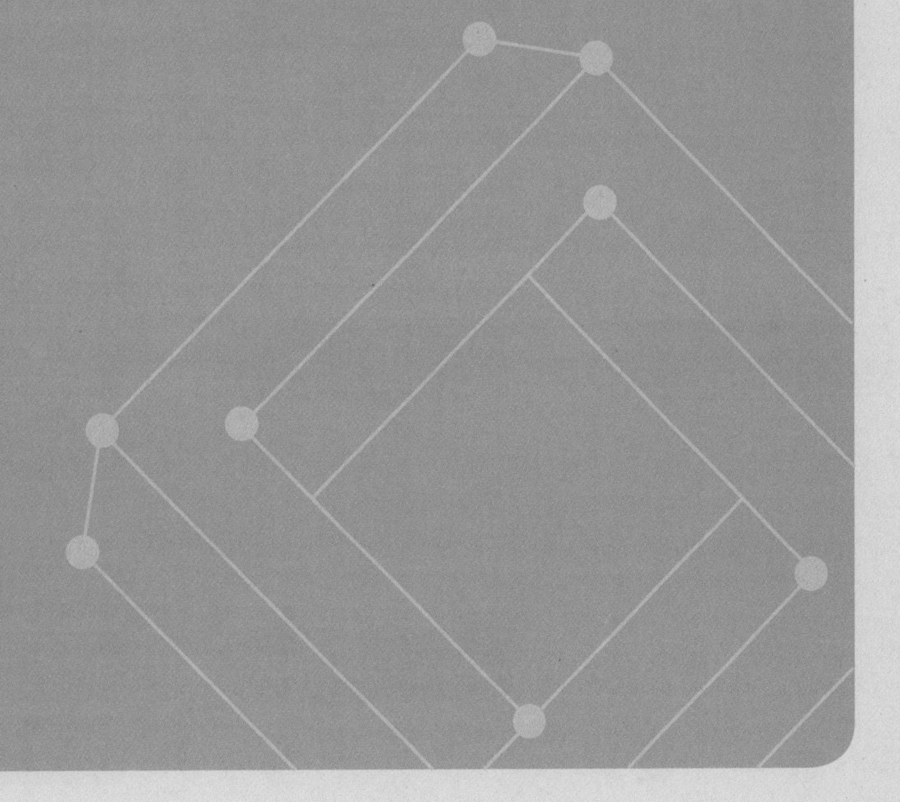

本章重点

- 生活服务平台运营的基本知识。
- 主流外卖平台及其入驻方法。
- 外卖商户的店铺装修及菜单打造。
- 主流酒店旅行平台及其申请方法。
- 酒店旅行平台店铺装修方法。

知识导图

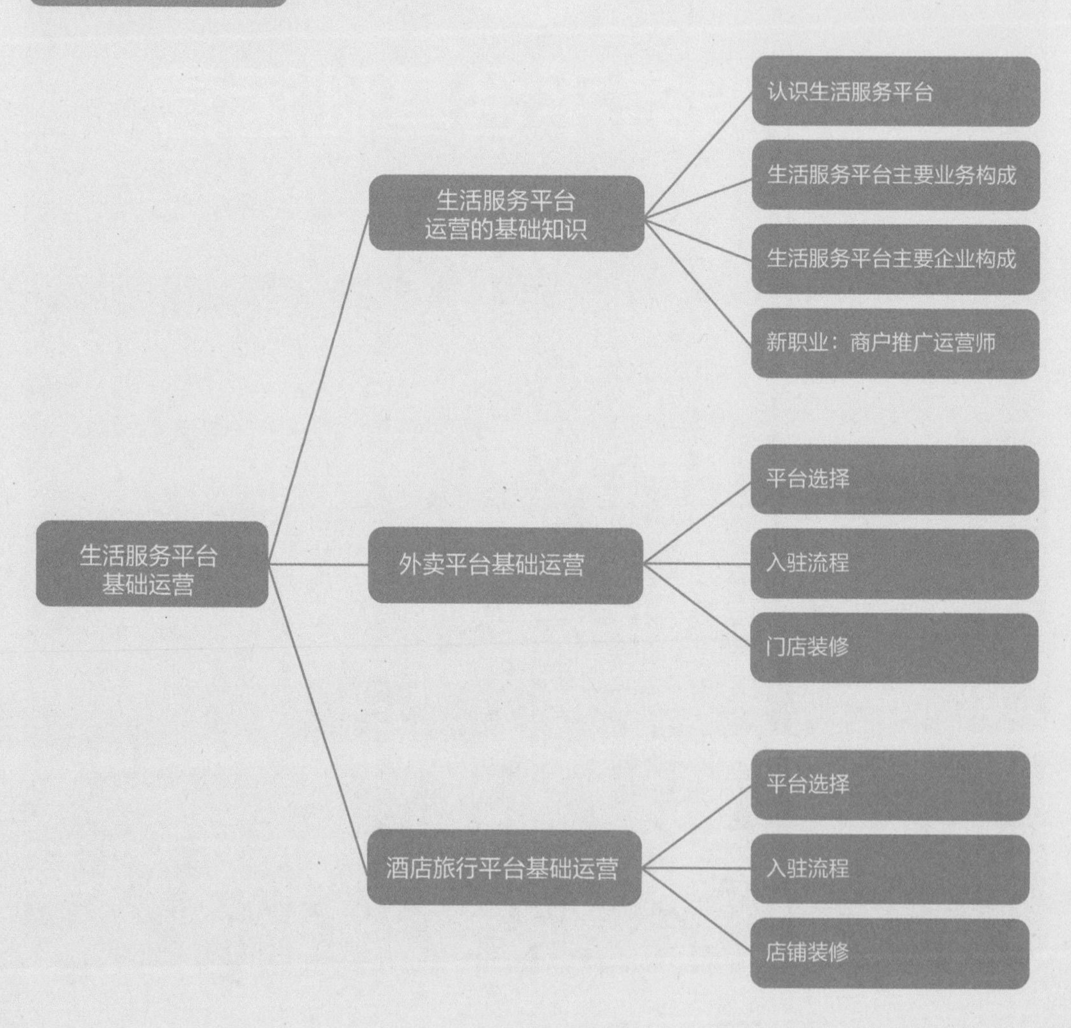

4.1 生活服务平台运营的基础知识

引导案例

随着智能手机的普及，人们对于手机点外卖、订酒店等操作已经习以为常。通过生活服务平台来享受各类生活服务，也已成为人们的日常需求。然而，就生活服务平台的专业化运营而言，目前业内的大多数从业者仍更多依赖其自身在传统行业内的经验，具备此项专业能力并投身运营工作的人仍在少数。随着竞争的加剧和商业生态的成熟，专业化运营已经成为主流趋势。如图 4-1 所示，一家餐饮品牌在生活服务平台进行店铺运营招揽生意，在生活服务平台运营的同时依靠社交网络平台进行主营业务的视频宣传，再将宣传视频挂在生活服务平台的店铺主页进行展示，多平台联动为业务提高人气。

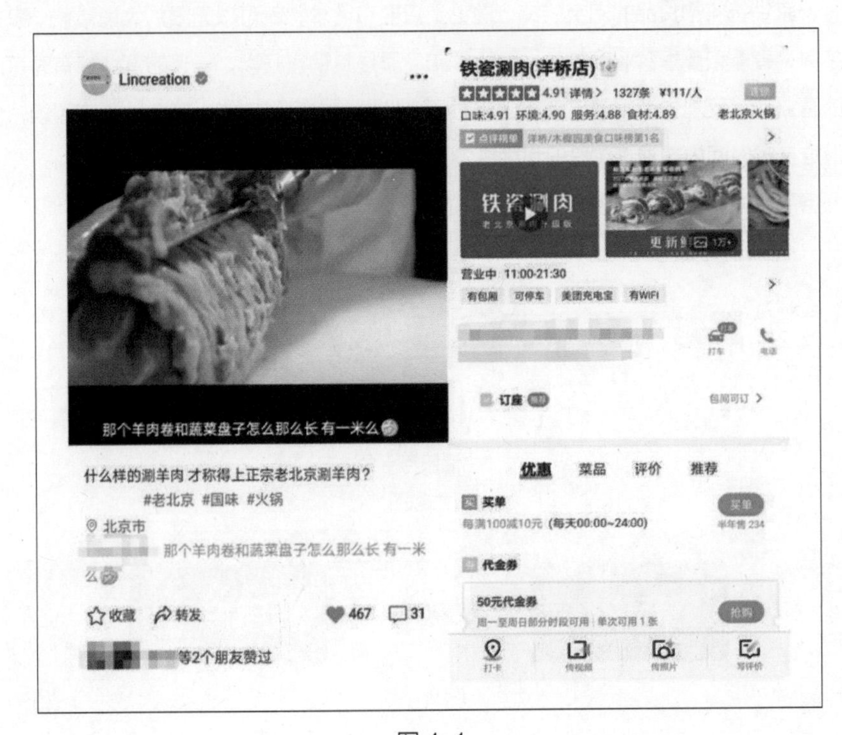

图 4-1

那么，到底什么是生活服务平台？平台、商户和用户的关系是怎样的？生活服务平台的运营为什么会越来越专业化？

4.1.1 认识生活服务平台

随着移动互联网的发展，本地生活服务产业快速崛起。一般来说，本地生活服务就是指将属地化的、线下的、具有实体门店的餐饮、酒店、休闲玩乐、电影演出等商业服务，以线上的方式呈现给用户，为用户提供便捷、全面的服务，同时也为线下商户提供推广渠道。

经过数年的发展，本地生活服务领域诞生了一大批平台类的企业，在为数亿人提供生活服务的同时，也创造了大量的就业机会，形成了全新的产业链和生态链，改变了无数人的职业和人生。

生活服务平台，又称“生活服务电子商务平台”。与传统的电子商务相比，两者都属于交易平台，商户、平台运营方和消费者在同一个系统内进行交易。两者的区别在于，传统电子商务以实物电商为主，交易内容大多为大规模生产的标准化产品；生活服务平台主要以服务电商为主，交易内容需要提供大量的配套服务，且无法大规模地标准化复制。

例如，一家销售实物货品的淘宝店铺，理论上只要有需求，就可以无限扩大销量。一家主营羽绒服的淘宝店铺，春季和夏季营业额较低，而秋季和冬季是其销售旺季，一天的营业额有时可以达到夏季一个月的营业额。反观生活服务平台，由于时间、地域和自身供应能力等多种影响因素，任何一家服务商都很难在短时间内实现订单量的集中爆发。

生活服务平台主要包含 3 个要素，如图 4-2 所示。

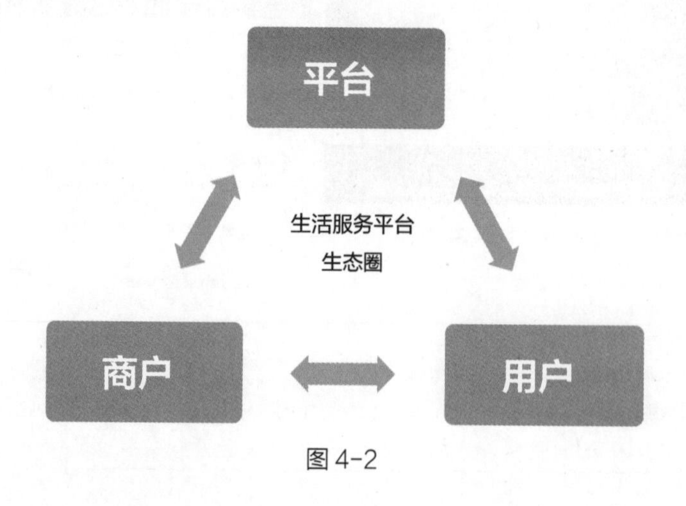

图 4-2

（1）平台。

撮合商户和用户的中间方。例如，外卖平台是连接外卖商户和消费者的中间方，出行平台是连接司机和乘客的中间方，而酒旅平台则是连接酒店、民宿和住客的中间方。

（2）商户。

某项具体服务内容的提供者。例如，外卖平台中的外卖商户、出行平台中的司机、酒旅平台中的酒店和民宿都属于生活服务平台中的商户。

（3）用户。

某项服务内容的消费者。用户首先需要在平台注册个人账号，通过平台选择某家商户，进而对商户提供的具体服务内容进行消费。

4.1.2 生活服务平台主要业务构成

根据业务类型的不同，可以将生活服务平台分为以下 5 种类型：外卖到家类、到店类、酒店旅行类、生鲜零售类、交通出行类，如图 4-3 所示。

1. 外卖到家类

外卖到家类是指用户在线上订购下单后，由服务人员在指定时间内将所购商品送货上门，或按要求进行上门服务，如餐饮外卖、家政物业，以及鲜花礼品、超商日用、水果、蛋糕等外卖派送服务。该项功能更加聚焦消费者，侧重于用户服务。目前，开展此类业务的商户主要集中在“美团外卖”和“饿了么”这两大平台。根据移动互联网数据监测平台 Trustdata 的数据显示，截至 2019 年第二季度，两家平台占据的总市场份额高达 92.5%，几乎囊括了所有的外卖业务，这也意味着，只要餐饮企业想要开通外卖业务，势必需要依托以上两大平台。

2. 到店类

到店类指用户在线上获取门店信息，预约下单或购买优惠券后，到线下指定门店接受现场服务。这类服务包含餐饮套餐、美容美护、休闲娱乐等。该项功能更加聚焦店铺，侧重于为商户赋能。提供这类服务的主要平台有大众点评、口碑网等。

对于大多数线下经营的门店商户，想要吸引更多客源、扩大自身业务规模，就需要借助移动互联网的力量，在生活服务平台上进行线上营销。此时的生活服务平台，除了可以为商户和消费者提供直接的交易服务外，还可以根据商户属性和用户特点，为双方打造一个交互型的内容平台。例如，在大众点评网开通的“商户展示”业务中，商户可以在平台上发布商品笔记，用户也可以在平台上撰写商品评价或服务体验评价。这种在商户与用户之间搭建沟通渠道的内容平台，成为生活服务领域内一种独特的交互模式。

3. 酒店旅行类

酒店旅行类简称“酒旅”，此类型平台通常包含多项业务，如酒店、民宿、机票、火车票、景点门票等。酒店旅行类服务平台业务多样，且每个平台的商业运营模式各有不同。

在这类平台中，为用户提供所有酒旅服务的综合性平台有携程旅行、美团、飞猪旅行、同程旅游等，而民宿服务则以爱彼迎更具代表性。

4. 生鲜零售类

生鲜零售类主打蔬菜、水果等的外卖服务，常见的生鲜零售类生活服务平台包括盒马鲜生、每日优鲜、美团买菜、京东到家等。

5. 交通出行类

交通出行类的主要业务包括网约车、出租车、顺风车、租车、共享单车和共享电动车等。从商业模式上可分为“直营模式”和“聚合模式”2 种。在共享单车领域，目前主要的平台有美团单车以及阿里巴巴旗下的哈啰单车等。

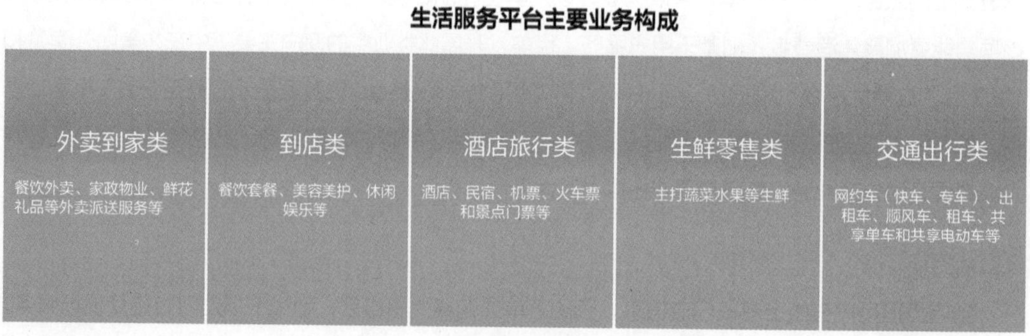

生活服务平台主要业务构成

外卖到家类	到店类	酒店旅行类	生鲜零售类	交通出行类
餐饮外卖、家政物业、鲜花礼品等外卖派送服务等	餐饮套餐、美容美护、休闲娱乐等	酒店、民宿、机票、火车票和景点门票等	主打蔬菜水果等生鲜	网约车（快车、专车）、出租车、顺风车、租车、共享单车和共享电动车等

图 4-3

4.1.3 生活服务平台主要企业构成

按照不同的企业经营模式，生活服务平台可分为“综合类”和“垂直类”两种。综合类的企业主要有美团和阿里巴巴两家，其生活服务业务几乎包含了行业内的所有业务类型。垂直类企业则包括携程旅行、同程旅行、爱彼迎等，主要面向客户提供酒旅、民宿、出行等领域中某个细分品类的业务。

1. 综合类企业

（1）美团。

美团是一家综合性的生活服务平台，服务内容涉及餐饮、外卖、打车、共享单车、酒店旅游、电影、休闲娱乐等 200 多个品类。根据美团发布的 2020 年第三季度财报，截至 2020 年 9 月 30 日，美团年度交易用户数达 4.8 亿，活跃商户总数达 650 万。美团主要的生活服务业务，如图 4-4 所示。

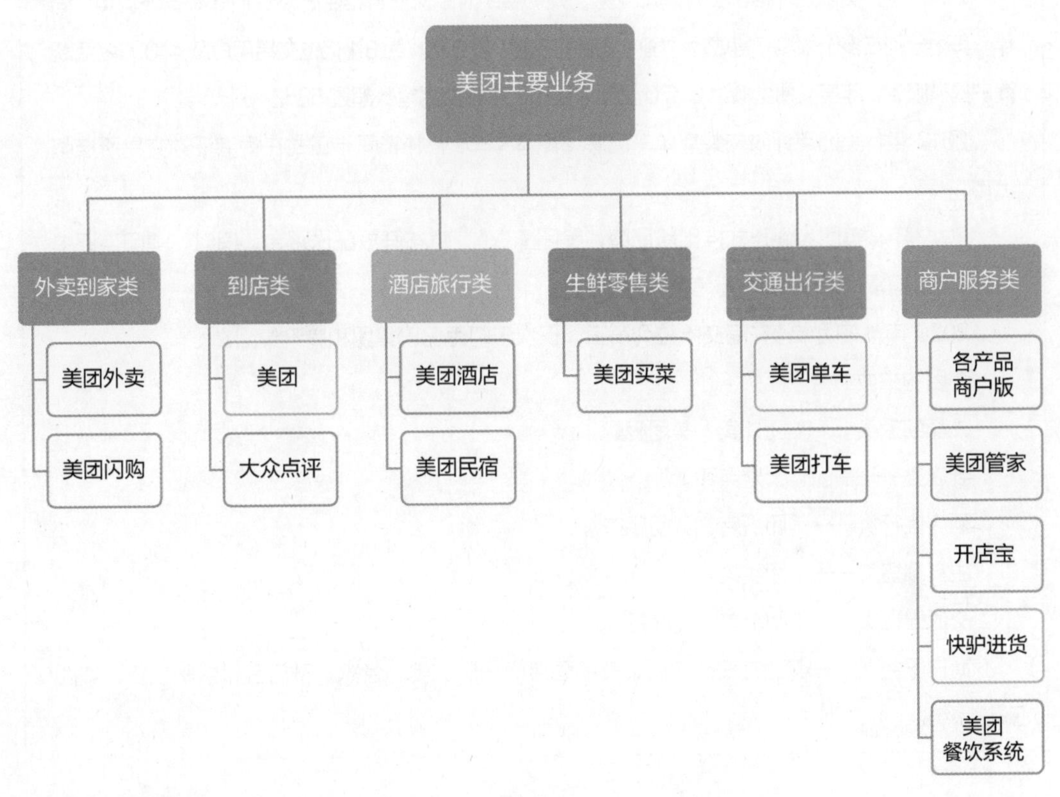

图 4-4

典型案例

美团是如何一步步发展壮大的

根据美团官网显示，美团成立于 2010 年，以团购业务起家，在号称“千团大战”的激烈竞争中存活下来，并于 2011 年末取得团购业务市场第一的佳绩。

2012 年，美团推出电影票的线上预订服务，成立猫眼电影品牌；

2013 年，推出酒店预订及餐饮外卖服务，美团酒店和美团外卖业务诞生；

2014 年，推出旅游门票预订服务，开通美团门票；

2015 年，美团与大众点评进行战略性合并，美团点评集团就此成立；

2016 年，美团点评推出面向商户的多种服务，如聚合支付系统及供应链解决方案。

2017 年，美团点评推出生鲜超市业务，并扩展即时配送业务至生鲜及其他非餐饮外卖类；同年，美团分别在多个领域获得成功：国内酒店间夜量[7]超 2 亿；为 3.1 亿位交易用户及 440 万名活跃商户提供服务；年度交易金额达 3 570 亿元人民币、平台交易笔数超过 58 亿……

2018 年，美团点评收购共享单车品牌“摩拜单车”，并于同年正式在香港证券交易所挂牌上市；

2019 年，美团点评正式推出新品牌“美团配送”，宣布开放配送平台；同时，美团点评单日外卖交易笔数超过 3 000 万笔；

2020 年，美团市值在港交所位列第三，仅次于阿里巴巴集团和腾讯集团。

美团的主要业务产品如下。

外卖到家类——美团外卖、美团闪购。

到店类——美团、大众点评。

酒店旅行类——美团酒店、美团民宿。

生鲜零售类——美团买菜。

交通出行类——美团单车、美团打车。

商户服务类——美团外卖商户版、美团酒店商户版、美团管家、开店宝、快驴进货、美团餐饮系统。

（2）阿里巴巴本地生活服务业务。

阿里巴巴本地生活服务业务，由阿里巴巴旗下多个提供本地生活服务的公司组成。根据新华网报道，阿里巴巴本地生活服务公司成立于 2018 年，由旗下主要的到家和到店业务合并而成；而酒旅、交通出行和生鲜零售等业务均以独立品牌运营。阿里巴巴主要的生活服务业务如图 4-5 所示。

7　间夜量，也叫间夜数，是酒店在某个时间段内房间出租率的计算单位。计算方法：间夜量 = 入住房间数 × 入住天数。

根据媒体报道显示，阿里巴巴本地生活服务产品如下。

外卖到家类：饿了么。

到店类：口碑。

酒店旅行类：飞猪旅行。

生鲜零售类：盒马鲜生。

交通出行类：哈啰单车、高德打车。

商户服务类：蜂鸟配送、支付宝、客如云。

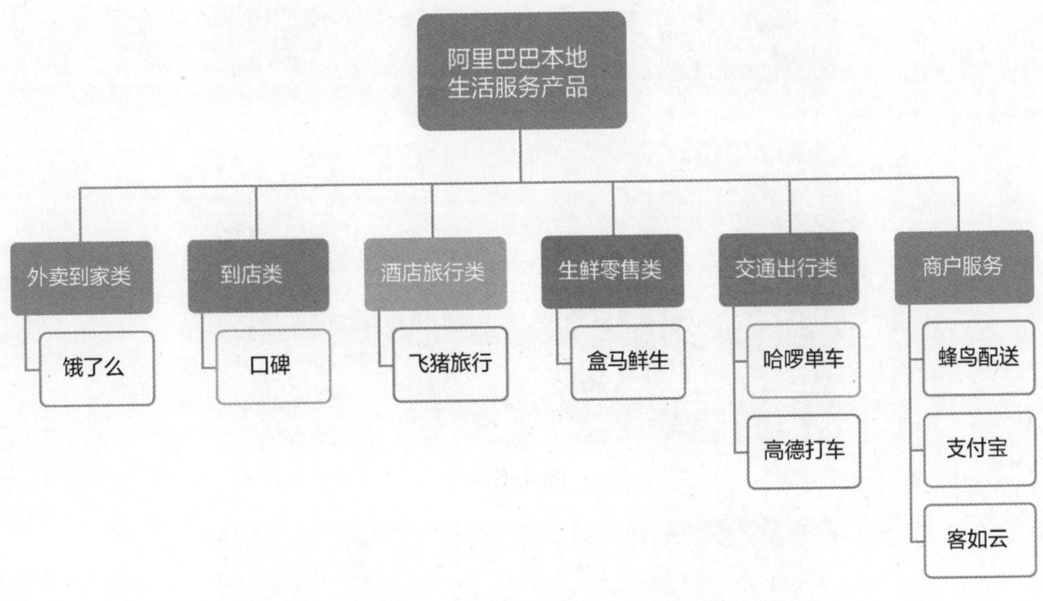

图 4-5

2. 垂直类企业

（1）携程旅行。

根据携程官网显示，携程旅行成立于 1999 年，最早从票务预订业务做起，目前已经发展为拥有国内外 80 余万家会员酒店可供预订的酒店预订服务中心，也是国内最大的综合性旅游网站之一。

2015 年，携程旅行与另外一家国内在线旅游公司“去哪儿网”合并。

目前，携程旅行旗下拥有酒店、旅游、跟团游、自由行、机票、火车票、汽车票、船票、用车服务、门票服务、攻略、全球购、礼品卡、商旅、邮轮等多项业务，如图 4-6 所示。

（2）同程旅行。

根据同程旅行官网显示，2018年3月，同程集团旗下“同程网络”与“艺龙旅行网”合并成为“同程旅行”，业务涵盖交通票务预订（机票、火车票、汽车票、船票等）、在线住宿预订、景点门票预订，以及多个出行场景的增值服务，用户规模超2亿。根据媒体报道，腾讯集团是同程旅行的重要股东，同程旅行的产品被纳入微信中，微信提供的火车票、机票、酒店预约等服务都由同程旅行提供，同程旅行业务结构如图4-7所示。

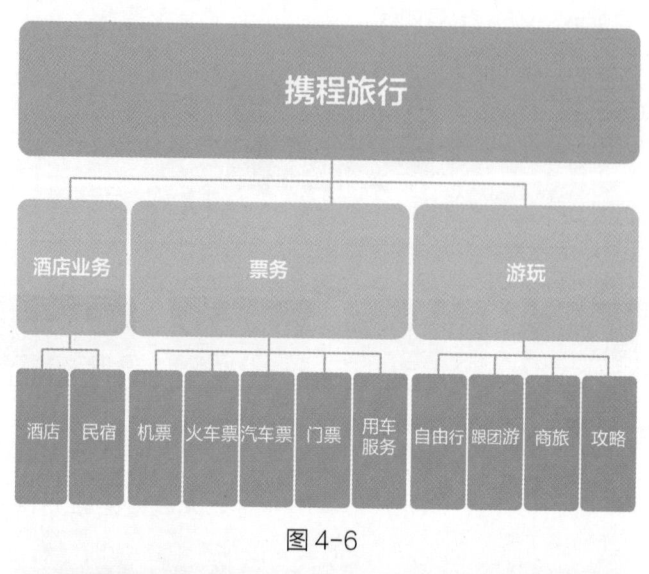

图4-6

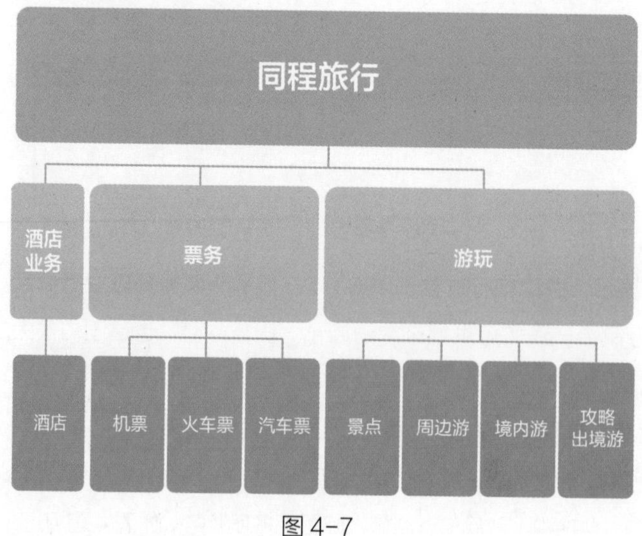

图4-7

（3）爱彼迎。

根据爱彼迎（Airbnb）官网显示，爱彼迎成立于 2008 年 8 月，总部设在美国加州旧金山市。用户可通过爱彼迎发布房源进行民宿的经营，或通过爱彼迎搜索民宿进行预订。2015 年，爱彼迎进入中国，业务早期主要面向出境游的国内人士和来华旅游的外国游客。随着中国“共享经济”浪潮的崛起，爱彼迎加快在中国本土化布局的步伐，根据中国消费者的偏好适时地进行调整。爱彼迎是如今民宿领域的主要代表性企业，业务结构如图 4-8 所示。

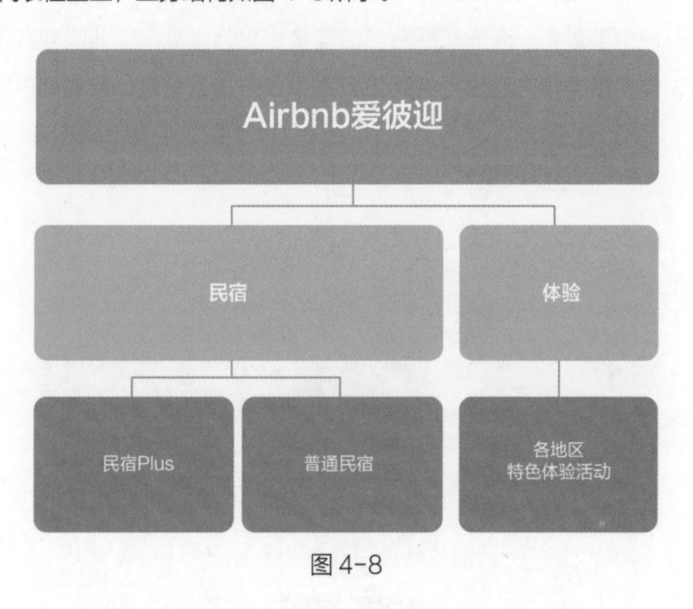

图 4-8

4.1.4　新职业：商户推广运营师

生活服务类平台的发展，创造了包括外卖骑手、商户推广运营师、美业大学培训师、点评达人、“试吃官”等在内的大量新就业岗位和工作形态，形成了丰富的新就业生态。其中，商户推广运营师是覆盖范围较广的一个新职业。从餐饮到美容美发，从酒店到旅游，各行业的商户只要在生活服务类平台上线后，通常都会专门配备一名或多名推广运营专员，甚至组建一支运营团队。

以旅游行业为例，许多景区的工作团队中，已经配备了相当规模的线上运营部门或者专业团队，比如针对电子票务的营销，景区会配置几人到十几人不等的专业团队。而以外卖餐饮为例，每家开展外卖业务的餐馆也至少需要一名以上的专业运营人员，才能完成线上外卖工作。

这些新职业产生的背后，并不是传统职业名称的简单改变，而是一整套独特的职业技能的进化。以商户推广运营师为例：生活服务类平台的出现，改变了原来商户推广人员不懂数字技术、只靠线下运营经验的滞后现状，同时也改变了纯技术团队不懂推广运营的尴尬局面。由此可以看出，商户推广运营师，是在两个不同技术的交叉点上产生的一种新型的、具备相应能力的复合型专业人才。

如图 4-9 所示，在上述的生活服务业务类型中，外卖到家类、到店类和酒店民宿类所吸纳的商户数量和商户类型最多，商户在平台上的竞争也更为激烈，因此需要数量庞大的运营人才参与其中。而生鲜零售类和交通出行类则更多是平台方相互角逐，普通商户和运营人员较难介入。

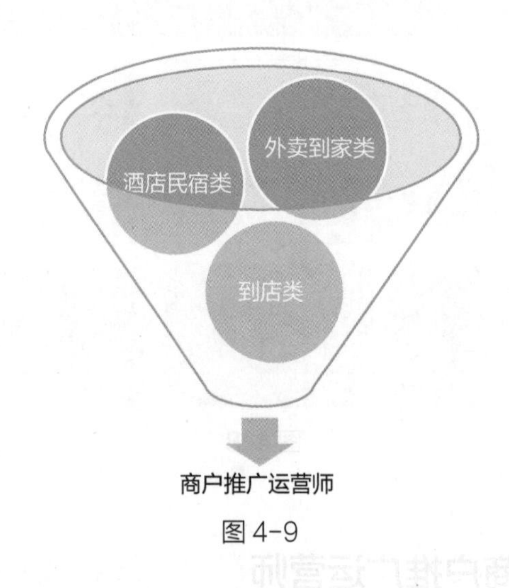

图 4-9

直通职场

某连锁餐饮品牌外卖运营岗位职责

（1）负责连锁品牌商户外卖平台的线上运营工作，根据活动营销方案执行完成。

（2）制订并执行线上运营活动方案，达成外卖销售指标。

（3）提升用户进店量和下单转化率、曝光率，增加顾客黏性。

（4）针对外卖菜单的推新计划，定期考察并分析竞争对手的产品、组合及价格方案，协助制订新品迭代及产品的组合定价计划。

知识总结

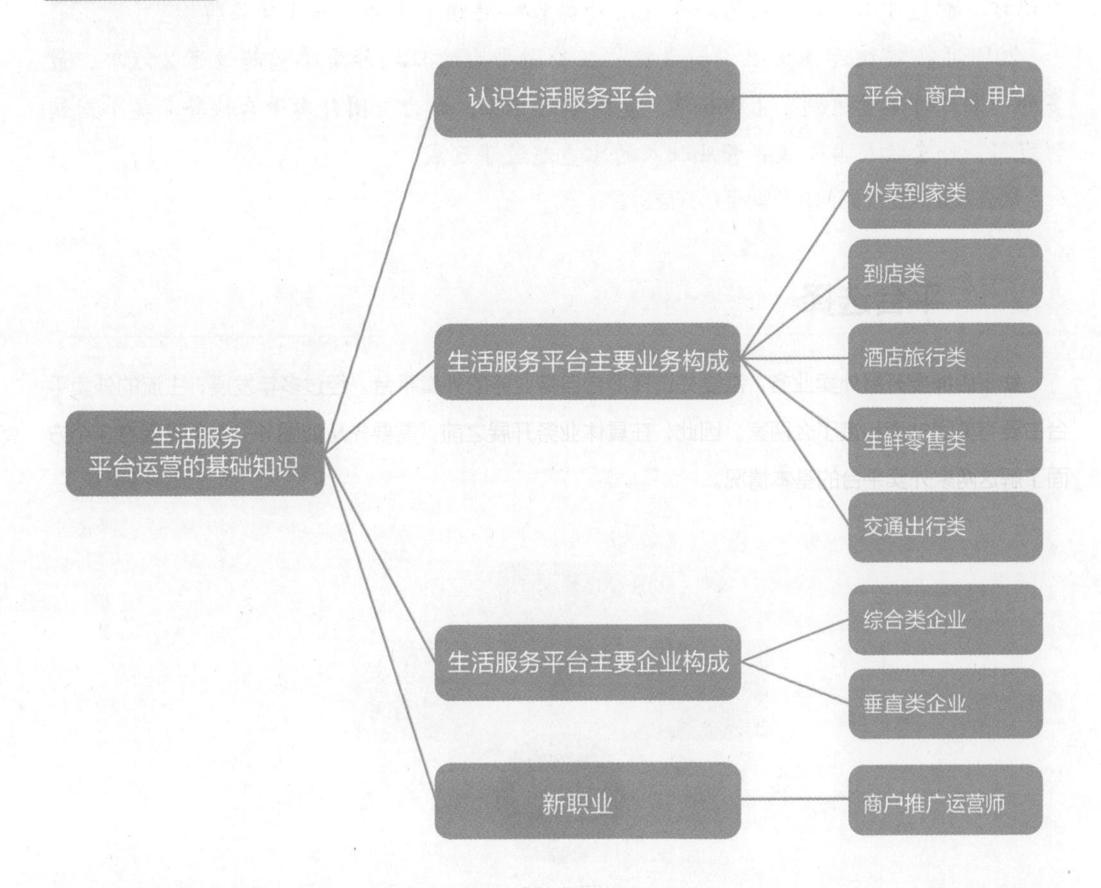

4.2 外卖平台基础运营

引导案例

餐饮行业从最早的街边店（一代店），经过社区店（二代店）、商圈店（三代店）、Shopping Mall（四代店）的迭代发展，如今已正式步入“下一代门店（五代店）”时期，原来以堂食为主的餐饮门店，通过软、硬件的改造和经营管理模式的迭代，如今已具备线上、线下同时运营的能力。

根据餐饮行业媒体“餐饮老板内参”报道，2018 年 3 月，牛排品牌“豪客来”与美团达成深度合作；2019 年 1 月至 11 月，豪客来外卖订单量同比增长达到 49%，每日平均订单量超过 1 万单，成为今年美团外卖 KA[8] 连锁增速领先的正餐品牌。

2018 年，餐饮连锁企业“南城香”在美团平台的日均外卖单量超过了 2 万单，最多的一家日订单量达到了 1 066 单，复购率达 70%，成为美团外卖平台快餐品类单店销售冠军，外卖收入占南城香营业收入的比重超过了 5 成。

那么，餐饮企业如何在外卖平台开展运营？

4.2.1 平台选择

线下店铺要开展外卖业务，需要先选择适合自身业务的外卖平台。经过多年发展，主流的外卖平台主要有美团外卖和饿了么两家。因此，在具体业务开展之前，需要先从如图 4-10 中所示的 3 个方面了解这两家外卖平台的基本情况。

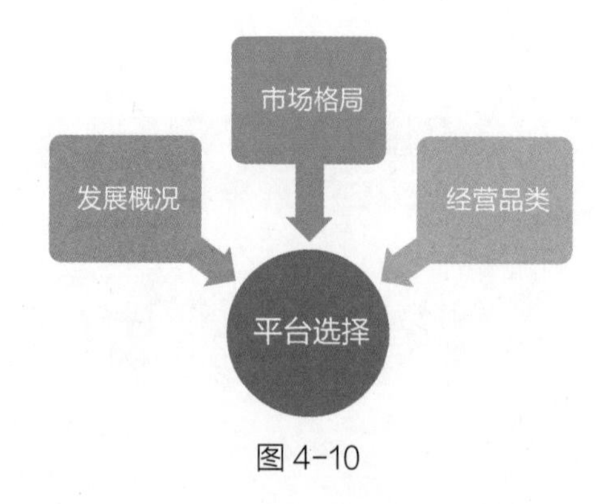

图 4-10

1. 发展概况

随着消费升级，网络购物兴起，可以通过网络购买的商品越来越丰富，专门网购餐食的平台应运而生，其中较为典型的是饿了么和美团外卖。

（1）美团外卖。

美团的外卖业务于 2013 年推出，发展迅速，市场扩张很快。2015 年，美团和大众点评合并。

8　KA（英文 key account 的缩写），中文可直译为“关键客户”或“重点客户”。被视为 KA 的销售方，需要在营业面积、客流量及发展潜力等方面均具有较大优势。

（2）饿了么。

据《财经》杂志报道，2008 年，饿了么由当时还在上海交通大学上学的张旭豪、康嘉等人在上海创办。从上海交通大学起步，平台初期赢得了诸多大学生用户的认可，2015 年估值超过 10 亿美元。2018 年 4 月，阿里巴巴联合公司旗下蚂蚁金服对饿了么完成收购，自此饿了么全面融入阿里巴巴体系。

2. 市场格局

市场格局指在市场经济条件下，市场上的买卖双方在交换活动中所处的地位和相互关系。了解市场格局能够帮助商户或个体明确自我定位，并根据定位，选择合适自身发展和运营的平台。

经过多年发展，外卖市场形成了比较稳定的 6∶3∶1 的格局。根据《新财富》报道，截至 2019 年第二季度，美团外卖市场占有率为 65.1%、饿了么市场占有率为 27.4%，如图 4-11 所示。美团外卖的市场优势来自三、四线城市及广大的县域地区。如图 4-13 所示，在低线城市，美团外卖的先发优势更加明显。低线城市中，更多商户为单平台商户，三线及以下城市中，双方平台的商户重合度显著小于一、二线城市。

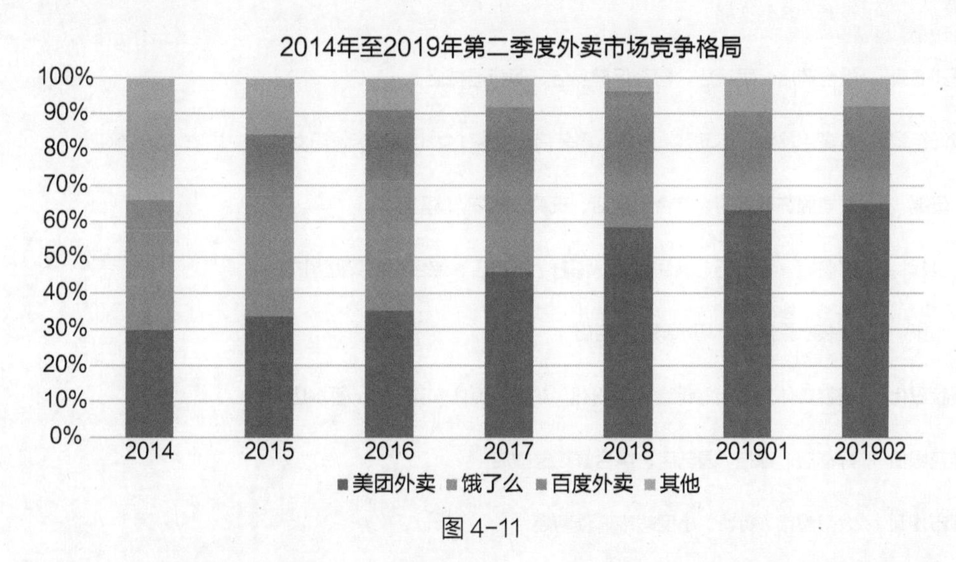

图 4-11

资料来源：中信建投研究发展部、《新财富》杂志、Trustdata 移动大数据监测平台联合发布。

3. 经营品类

在选择外卖平台时，平台的经营品类是一个重要的考量因素。一方面需要对比外卖平台是否开通了商户业务所需的品类，另一方面需要核查商户自身的业务是否符合外卖平台的入驻要求，两者都会对商户能否正常上线产生实际的影响。可通过表 4-1、表 4-2 分别对美团外卖和饿了么两大平台的可经营品类进行了解。值得注意的是，外卖平台提供的可经营的品类内容会随着业务拓展而进行更新，在品类设置上会按照消费频次和实际业务需求进行分类或列举，例如部分店家会将购买率较高的产品归为热卖类，以吸引客户购买。同时不同平台的分类方式也不一致，以下各平台可经营的品类介绍，主要来自于美团外卖和饿了么的规则介绍，运营人员在申请入驻过程中需要仔细研究平台的规定。

表 4-1

美团外卖商户可经营的品类	
一级品类	二级品类
美食	快餐小吃、香锅 / 烤鱼、海鲜 / 烧烤、火锅、特色菜、东南亚菜、地方菜、西餐、日韩料理
甜点饮品	甜品、冻酸奶 / 炒酸奶、水果捞、面包 / 小蛋糕、生日蛋糕、冰淇淋、奶茶果汁、咖啡、凉茶 /龟苓膏、其他饮品
医药健康	综合药店、眼镜店、营养保健品店、医疗器械店
服饰鞋帽	体育用品店、运动鞋 / 服店、男装店、女装 / 女士精品店、男女鞋店、内衣 / 家居服店
母婴	婴童服饰鞋帽店、综合母婴店、玩具 / 童车 / 模型店
食材	肉禽店、菜市场、火锅专营、海鲜 / 水产店、综合生鲜果蔬超市
水果	整装水果店、鲜切水果 / 果捞店
美妆日化	美容美体仪器店、综合美妆日化、护肤 / 美体 / 精油店、香水店
鲜花绿植	鲜花店、绿植 / 园艺店、综合鲜花绿植店
超市便利	大型超市 / 卖场、小型超市、便利店
食品专营	酒水饮料店、零食 / 干果店、地方特产店、进口食品商店 / 超市、粮油调味店、茶行、水站、奶站
日用百货	五金日用店、文具店、书店、餐具厨具店
宠物	宠物食品 / 用品店等

表 4-2

饿了么商户可经营的品类			
餐饮店		零售店	
一级品类	二级品类	一级品类	二级品类
全球美食	披萨、意面、沙拉 / 轻食、三明治、泰国菜、印度菜、新加坡菜、越南菜、马来西亚菜、日本料理、日式简餐、日式烧烤、刺身寿司、韩式简餐、韩国料理、韩国炸鸡、韩式烤肉、焗饭、牛排、西班牙菜、意大利菜、法国菜、墨西哥菜、中亚 / 中东菜、其他西餐	水果	水果店、果切、水果捞
小吃夜宵	烧烤、炸鸡炸串、小龙虾、花甲粉、章鱼小丸子、钵钵鸡、老妈兔头、鸡架、卤煮 / 炒肝、糖葫芦、烤冷面、卤味鸭脖	鲜花绿植	鲜花、绿植
特色菜系	川湘菜、粤菜、东北菜、江浙菜、西北菜、鲁菜、海鲜、北京菜、微菜、贵州菜、台湾菜、闽菜、港菜 / 茶餐厅、私房菜、素食、清真菜、盐帮菜、浏阳蒸菜、顺德菜、海南菜、苏帮菜、内蒙菜、天津菜、河南菜、甘肃菜、陕西菜、云南菜、新疆菜、本帮菜、江西菜、创意菜、湖北菜、淮扬菜、河北菜、金陵菜	医药健康	药店、医院诊所、滋补保健、眼镜店
甜品饮品	奶茶果汁、甜品、面包、冰淇淋、咖啡、蛋糕、中西糕点	厨房生鲜	社区生鲜店、肉禽蛋品、海鲜水产、火锅烤串食材
快餐便当	盖浇饭、汉堡薯条、咖喱饭、沙县小吃、凉皮 / 凉粉、烤肉拌饭、烤鸭熟食、驴肉火烧、黄焖鸡米饭、肠粉、兰州拉面、脆皮鸡饭、冒菜、煎饼、麻辣烫、关东煮、烧腊饭、煲仔饭、酸辣粉热干面、重庆小面、生煎锅贴、木桶饭、炒饭 / 粉丝汤、胡辣汤、螺蛳粉、米粉 / 米线、面馆、饺子、牛肉汤、肉夹馍、瓦罐汤、羊杂割、朝天锅、包子 / 汤包、馄饨 / 抄手、羊肉汤、葱油饼、闽南咸饭、泡馍、粥店、豆浆 / 油条、牛肉饭、排骨饭、滋补炖汤、蒸鸡 / 滋补鸡、手抓饼、沙茶面、北京炸酱面	商店超市	大型超市、水站、茶行、便利店、奶站、粮油副食、休闲零食、名酒坊、饮料冰品、冷冻速食、宠物超市、日用百货、美妆个护、母婴、3C 电器、服装鞋包

4.2.2 入驻流程

入驻外卖平台，需要商户满足相应的资质要求，并将经营相关的基本信息准备充分，在此基础上进行申请，通过审核后才算完成入驻流程，如图 4-12 所示。

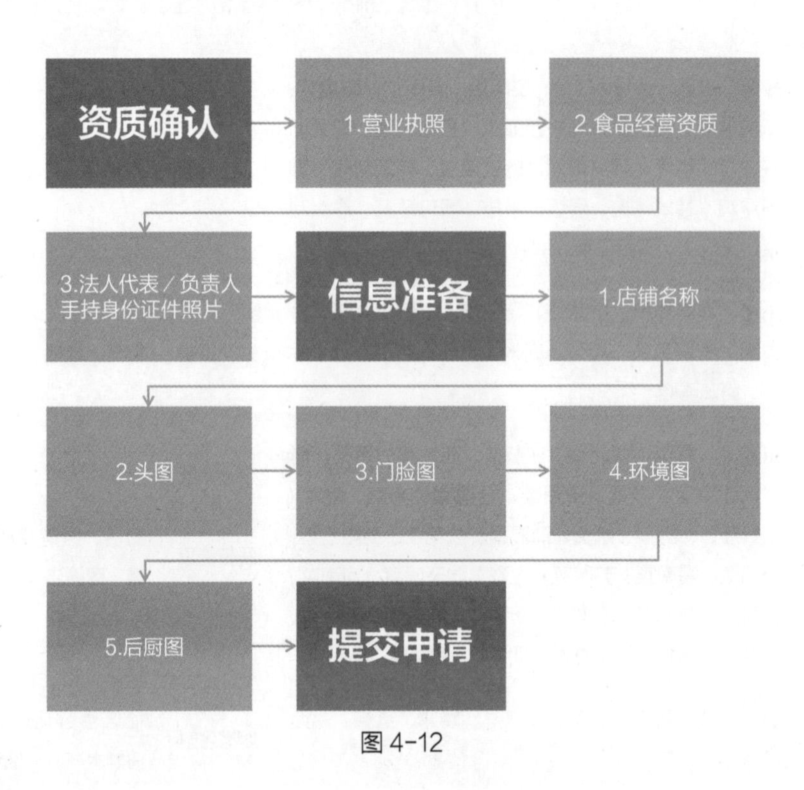

图 4-12

1. 资质确认

在外卖平台上开展经营，首先需要具备合规的资质条件。以美团为例，具体包括以下 3 项。

（1）营业执照。

具体要求如下。

- 营业执照需提供原件图片；原件应真实有效、提交审核时在有效期内。
- 营业执照图片需露出边框、保证国徽完整，拍摄清晰。
- 营业执照图片中注册号、名称、经营地址、经营范围、有效期、发证日期、发照机关等重要信息不能被遮挡或涂改。

- 营业执照图片中不得出现除美团及商户自己品牌以外的其他水印。
- 营业执照图片不得造假（包括改图、使用假照等）。
- 营业执照的黑白复印件可以替代营业执照原件，复印件必须加盖红色公章，公章文字需清晰且与营业执照名称一致（合同章不可用）。

（2）食品经营资质（包括但不限于食品经营许可证、小餐饮登记 / 备案证等）。

具体要求如下。

- 许可证等食品经营资质需原件图片；原件应真实有效、提交审核时距许可证有效期截止时间大于 30 天。
- 许可证等食品经营资质图片需保证边框完整，拍摄清晰。
- 许可证等食品经营资质图片中经营者名称、经营场所、经营项目、发证机关等重要信息不能被遮挡或涂改。
- 许可证等食品经营资质的图片中不得出现除美团及商户自己品牌以外的其他水印。
- 许可证等食品经营资质不得造假，不得借用、冒用他人的经营资质，图片不得造假（包括改图、使用假证等）。

（3）法定代表人 / 商户负责人手持身份证件照片。

具体要求如下。

- 本人手持身份证件原件（正面 + 反面）拍照，并露出完整五官。
- 提供身份证件本人需年满 18 周岁。
- 身份证复印件图片，需将身份证正、反面复印在同 1 张纸上，证件本人需按手印。

2. 信息准备

在确认资质符合平台要求之后，需要准备相应的基础信息，具体包括以下 5 项。

（1）店铺名称。

具体的命名方式主要有 3 种。

- **店名格式一。**

店铺名称，例如嘉和一品。

店铺名称需要与门脸、牌匾上的店名保持完全一致。

- **店名格式二。**

店铺名称（×× 菜品），例如嘉和一品（粥）。

录入的备注菜品信息需与牌匾中出现的菜品信息完全一致。

- **店名格式三。**

店铺名称（xx 店），例如嘉和一品（望京店）。

xx 中，只能包含地理位置信息或者商场信息，且必须以“店”字结尾。

（2）头图。

具体要求如下。

- 头图应为菜品图 / 商户标志，要求图片完整，色彩明亮、美观、清晰不模糊（800×600 像素）、方向正确。
- 头图应与商户名称、品类基本相符。
- 头图长宽比例为 4∶3。
- 头图不能使用商户牌匾、环境图、门脸图、菜单、宣传单、名片等图片。
- 头图不能有水印（包括美团水印）及其他品牌标志。
- 头图不可打马赛克。
- 头图不能有联系方式（包括微信号、QQ、送餐电话、二维码等）。
- 头图不能出现商户活动（如“满减”“半价”等），及夸大宣传（如“最 XX”“XX 第一”“XX 极品”等）的宣传语。
- 头图不得侵权，不得使用未授权的动画、人物等形象及品牌标志。

（3）门脸图。

具体要求如下。

- 图片清晰、明亮；包括完整牌匾及完整正门。
- 牌匾名称应与线上店铺名称主体一致。
- 拍摄时为开门营业状态，不可关闭卷帘铁门，不可标示“暂不营业”“正在装修”“转让”“关闭”等字样。
- 不可用相关软件处理图片，包括拼图、马赛克等。
- 不可为网络图片、手机截图图片，或带有水印的图片。
- 必须有固定的经营场所，不允许为流动餐车或无固定门店的图片。

（4）环境图。

具体要求如下。

- 呈现清晰、明亮、真实的就餐环境图。
- 拍摄时门店为营业状态（店内不可处于装修状态）。

- 不可用相关软件处理图片，包括拼图、马赛克等。
- 不可为他店图片、网络图片、手机截图图片，或带有水印的图片。
- 不允许为流动餐车或无固定门店。
- 图片应保证所展现的环境干净整洁，无杂物。

（5）后厨图。

具体要求如下。

- 呈现清晰、明亮、真实的后厨环境。
- 进入厨房内拍摄，不可只拍摄厨房内的案板、灶台、菜品原料、墙角等不能反映厨房真实环境的图片（建议拍摄时站在厨房一角，即可拍摄到 3/4 的厨房环境）。外带餐饮门店、后厨图片应展示制作食物的餐台，非餐饮类的超市、水果店等可以使用环境图。
- 不可用相关软件处理图片，包括拼图、马赛克等。
- 不可为他店图片、网络图片、手机截图图片，或带有水印的图片。
- 图片应保证所展现的环境干净整洁，无杂物。

3. 提交申请

商户在前两步准备充分之后，就可以开始正式申请了，主要通过美团外卖和饿了么的官方申请入口进行申请。

准确填写完所有材料之后，申请可以正式提交。提交之后会有 2 ~ 3 天的审核时间，同时美团外卖和饿了么都会有对应的市场经理进行线下核实，因此填写的材料和场地材料务必保持信息的正确，不能弄虚作假。

4.2.3 门店装修

门店的装修是一家店铺外在形象的直接体现，决定着顾客对店铺的第一印象。优秀的门店都懂得包装自己。恰到好处的店铺装修，能够给顾客创造更为良好的消费体验。

1. 门店装修的要素

对于一家餐饮外卖门店的装修，可以从以下 12 项内容展开。

（1）商户层面，2 项。

- 商户名称：指有实体经营场所的商户称谓。
- 商户公告：用于店铺或菜品的介绍、推荐及注意事项等内容。

（2）商品层面 10 项，如图 4-13 所示。

- 商品名称：名称应具有简洁性、指向唯一性，让人可通过名称判断食材、烹饪方法、口味等属性信息。
- 分类名称：名称中需体现同类商品共有属性的一类名称，例如凉菜、主食、饮品等。
- 商品描述：文字应包含与菜品相关的描述信息，可从色、香、味、口感等多维度进行描述。
- 规格：体现菜品的体积、大小、重量，例如大份、中份、小份。
- 属性：可体现菜品的温度、辣度、口味等信息，例如重辣、中辣、微辣。
- 单位：商品的计量单位，例如份、个。
- 商品标签：用于商品个性化展示及商品性质定位。
- 价格：商品应明码标价，确保可以提供任一价格的合法依据或可供比较的出处。商户在美团外卖上标注的价格不得高于门店售卖价格，不可虚构原价，不得哄抬价格，亦不得违反《中华人民共和国价格法》等相关法律法规及其他规定。

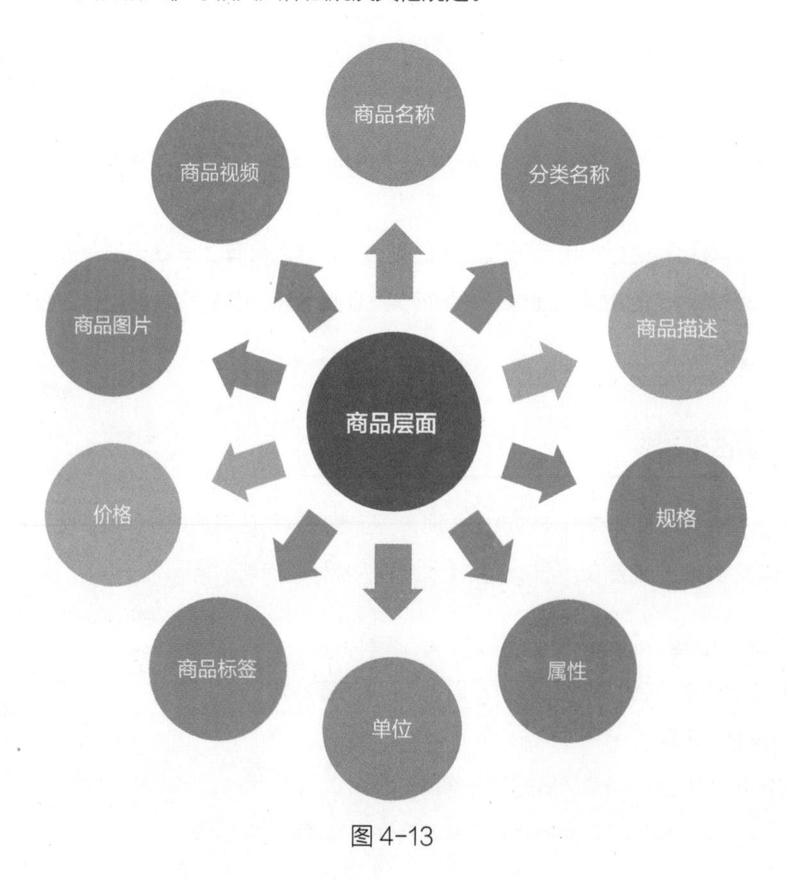

图 4-13

- 商品图片：展示商品信息。
- 商品视频：商户可通过视频或动图展示菜品信息。

对于上述 12 项内容，在门店装修部分首先需要重点关注“商户层面”的 2 项内容。

2. 店铺名称优化

在入驻流程中，已经介绍了如何给店铺取名。但是名字是店铺最重要的标志之一，在一定程度上代表着整家店铺的风格，肩负着店铺对外宣传的重任，正所谓“名正则言顺”。

因此，在店铺名称的拟定上，已经完成申请后还可以继续优化。一个好的店名，不仅能够提升顾客的食欲，还能够让人过目不忘，提升店铺知名度。而在具体的优化过程中，可以遵循以下 3 个原则。

（1）体现品类和属性。

商品名称是用户得到的关于店铺的第一信息，也是用户进行选择的重要标准。店铺名称首先要体现品类和属性，这样当顾客看到店名时，就知道店铺的主营产品是什么，是否可以满足他们的需求。例如，顾客想吃面，肯定就会在外卖平台寻找或者搜索“某某面馆”之类的名字，而不会关注火锅、黄焖鸡米饭这些品类。

（2）热门词汇。

用户在搜索自己想吃的美食时，经常会受到环境的影响，跟随潮流。平台经常会发布一些热搜词语，比如“鸡排”“黄焖鸡”“麻辣烫”等，这些词语往往自带“光环”，是非常重要的流量入口之一。如果在店铺经营的品类中，正好也有相应的热门词汇，那么就可以做到相应的优化，提高店铺被搜索到的概率。

（3）精简规范。

为了方便顾客记忆，外卖店铺的店名一般不宜过长，最好控制在 2 ~ 5 个字之间。同时还要注意尽量不要使用生僻字，读起来最好朗朗上口。除此之外，一些带有吉祥寓意的名字，也更容易激发人们的好感。因此，在为店铺起名时，不妨通过一些赋予期望和祝福的文字，来提升顾客的进店可能性。

3. 店铺公告

店铺公告通常位于店铺优惠活动下方的位置，能够向顾客告知关键信息，具有重要作用。同时，这一位置也能够成为店铺重要的广告窗口，撰写合适的、有效的店铺公告，可以有效提升顾客的消费体验。

因此，要对这些细节进行完善，具体可以从以下 3 点开始。

（1）宣传语。

店铺公告是一个免费的宣传窗口，如果店铺正在装修中，可以通过公告向顾客介绍店铺的若干亮点信息，比如店内优势产品、店铺位置、产品概述等。

（2）特殊情况公告。

在具体的经营过程中，店铺可能会面临一些特殊的情况，例如天气恶劣，或者是特殊节日等时期，商家就可以在店铺公告中增加一些欢迎或提示类语言，对顾客加以提醒，避免因沟通不及时而带来的种种不便。此类提示语还能让顾客感受到店铺的认真和负责，让顾客倍感温暖。

（3）店内活动。

在一些重大时间节点，店铺会发起优惠以反馈顾客，这些活动内容就可以编写在公告内，例如“开业大酬宾，凡 1 月 1 日至 10 日进店的顾客，消费满 35 元，返 10 元现金券 1 张，下次消费满 30 元即可使用。优惠券每天限量推出 30 张，先到先得”。这种方式简单直接，能够刺激顾客进店消费的欲望。

需要注意的是，虽然平台对于店铺公告并没有统一的要求，但是有些内容是被明令禁止的。比如涉及黄赌毒的内容，不文明、辱骂、诅咒等内容，以及虚假宣传和过于明显的引流信息等。

4．菜单打造

一份优秀的菜单能够体现店铺的特色和经营理念，是一种无声的营销手段，不仅能提高顾客的消费体验，还能直接引导顾客消费，有效提升店铺的订单量。在移动互联网时代，顾客拥有了更多的选择权，要想在日益泛滥的美食信息中脱颖而出，外卖运营人员必须从自身需求出发，在菜单的打造上多下工夫。

菜单打造的目的是要解决两大难题：一是如何才能让顾客更容易找到想要的菜品；二是如何才能更好地引导顾客下单。在具体的菜单打造过程中，可以遵循图 4-14 中的步骤方法。

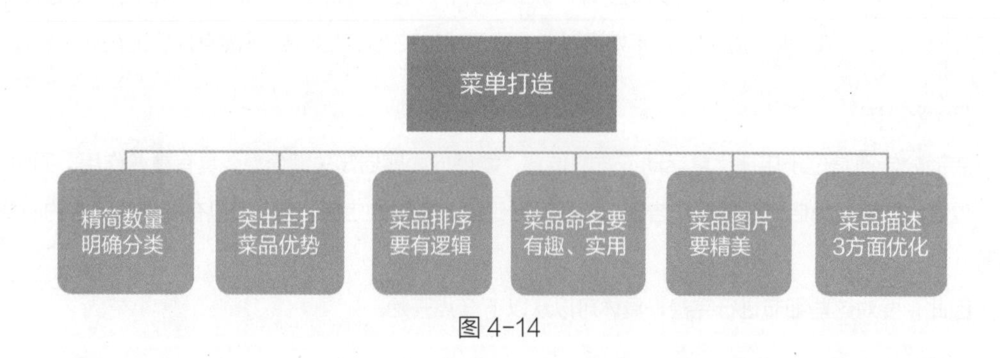

图 4-14

（1）精简数量，明确分类。

在对菜品进行分类时，店铺应结合自身定位、场景、口味和消费场景等多种因素，秉承少而精的原则，让顾客对菜品一目了然，进而迅速作出选择。每个类别的产品数量不宜过多，6 ~ 7 个即可。

（2）突出主打菜品优势。

一个大而全的菜单设计在这个时代往往不受欢迎，每家店铺都应该突出自身的优势，从而强化店铺在消费者心中的地位。

设置菜单结构时，应该尽可能地聚焦、突出主打菜的优势。而主打菜品也会成为一家店铺引流的爆款产品，承担着宣传店铺口碑的重任。

同时，在菜单中还要去除不适合外卖的菜品。例如有些菜品需要保持一定的口感，但是长时间的配送则会破坏口感，那么在具体的菜单设计时就需要去除这些菜品。

（3）菜品排序要有逻辑。

菜品的排列顺序，会影响用户对店铺的印象。在具体的菜单设计过程中，将最容易吸引顾客的菜品或者店铺主推的菜品前置，而一些利润较小、对口碑提升不明显的菜品，则应放到靠后的位置；另外，优惠菜品承担着为店铺引流的重要职责，在菜品排序时也应尽可能地放在前面。这种做法既能方便顾客点餐，又能有效提升顾客的消费体验。

（4）菜品命名要有趣、实用。

许多外卖用户都是年轻群体，在菜单设计时应考虑到主要用户群体的特征。例如增加名称的趣味性，以吸引年轻顾客的目光。

- **菜品分类。**

分类名称的设计，一定要建立在让顾客容易理解的基础上，最有效也最简单的模式便是“形容词 + 分类”，或者直接使用一句俏皮话。比如“一个人也要好好吃系列”“两个人吃更划算套餐”等。

还可以结合餐厅主流人群的特点，推出特色专区。例如，北京三里屯聚集着大量的广告公关公司，活跃着大量的年轻人群，其中一家湘菜馆就推出了特色的“乙方专区”，让目标用户获得了极强的情感共鸣。

- **菜品名称。**

店铺在设计菜品名称时，可以适当增加些新意，通过提升顾客好奇心的方式刺激顾客的消费欲望。

例如，在上述“湘菜馆”的案例中，“乙方专区”的菜品名称就结合广告公关公司的工作特色进行了针对性的命名，如“一稿包过”手撕包菜、“项目不黄”小炒黄牛肉等，这种能够有效引发顾客共鸣的命名方式，可以作为起菜名的参考。

（5）菜品图片要精美。

一张诱人的美食图片，往往更能让顾客垂涎欲滴，迅速下单。对于外卖店铺而言，菜品图片的拍摄质量至关重要。顾客对菜品的感知，大多来自对菜品图片的直观印象。

在具体的照片拍摄过程中，可以从图 4-15 所示的几点进行优化。

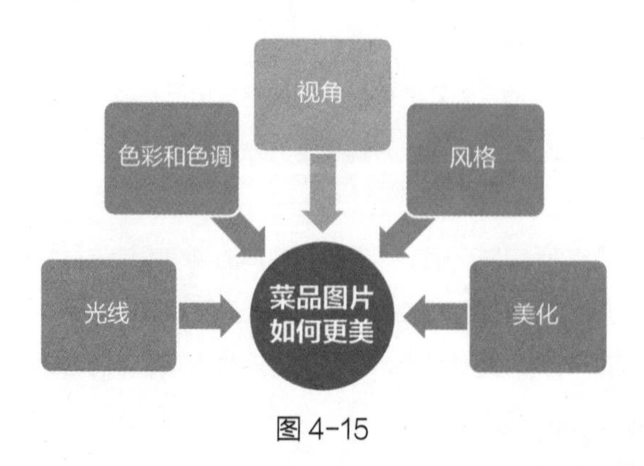

图 4-15

- **光线。**

光源要选用明亮、柔和的自然光，最好在有纱窗的窗边进行拍摄，尽量避免在暗光环境下拍摄或使用闪光灯拍摄。

- **色彩和色调。**

如果是日常餐品，建议选用漂亮的浅色餐具 + 深色背景，以此凸显食物本身的色泽。

- **视角。**

镜头尽量拉近、画面适当留白，将焦点放在食物最吸引人的部分。如果拍摄的不是套餐而是单品，建议尽量模仿顾客用餐时的实际视角。此外，尽量不要将未加工的原料或食材直接放在食物上，最好在烹饪完毕后再进行拍摄，确保呈现给顾客的是菜品的实际状态。

- **风格。**

建议将店铺内所有菜品的图片背景、摆盘、角度等加以统一，方便顾客建立整体的菜品观感。

- **美化。**

专业的图片美化，会让菜品看起来更加自然。

知识拓展

常见图片发布的注意事项

（1）菜品图需清晰、完整（容器拍摄完整）、色彩鲜明、方向正确。

（2）菜品图片不得打马赛克，不得有水印及其他品牌标志（商户水印 / 标志除外）。

（3）菜品信息必须与图片相符。

（4）菜品图不得拍摄菜单、宣传彩页等，不得含有截图的信息（如鼠标指针、下一页提示、iPhone 的 Home 键等）。

（5）必须为商户的在售商品，不得为商户的展示类信息，包括但不限于环境图、门脸图、营业执照、二维码、广告、招聘、红包、微信群等宣传信息。

（6）菜品图不得出现除菜品、餐具及品牌元素外的任何描述性文字，如价格信息等。

（7）菜品图不得出现其他平台图片。

（8）菜品图必须保持干净整洁，菜品需摆放整齐，背景不能出现杂物。

（9）菜品图片不得出现涉毒、涉暴、涉黄等违反法律法规、政策、监管部门要求或平台规定的敏感图片。

（6）菜品描述 3 方面优化。

与堂食不同，顾客在消费外卖产品时，无法直接向服务员进行相应咨询，菜品图片和描述就成为顾客选择菜品时的重要依据。因此，除了要为顾客提供美观、真实的菜品图片外，店家还需在菜品描述上下工夫，尽量做到详细且具有新意。具体可以从以下 3 点进行优化，如图 4-16 所示。

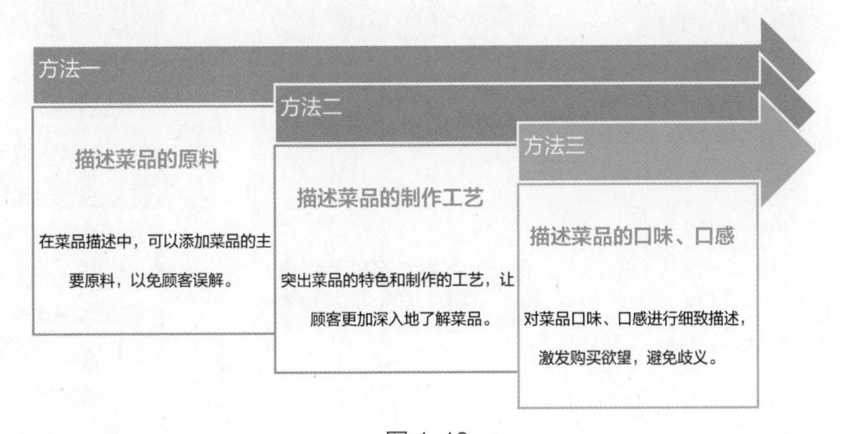

图 4-16

- **菜品的原料。**

在菜品描述中，可以添加菜品的主要原料，以免顾客误解。例如，顾客可能因为“鱼香肉丝没鱼”而给差评，而在描述中讲清楚原料则能够更好地避免这种误会。

- **制作工艺。**

许多菜品乍看起来并无优势，主要特色就体现在制作工艺上。为了突出菜品的特色和制作的匠心，让顾客更加深入地了解菜品，店铺可以在菜品描述中对制作工艺进行简单介绍。比如，鸡汤是“慢火 24 小时精心熬制”，食材经过了“先滚水去腥，再油炸烹饪的处理”等。

- **菜品口味和口感。**

对菜品口味、口感进行细致描述，不仅能够引发顾客的购买欲望，还能有效避免顾客由于歧义而造成的心理落差。比如“该款糕点采用了某种原料，口味偏咸，不适合嗜甜的顾客”。

知识总结

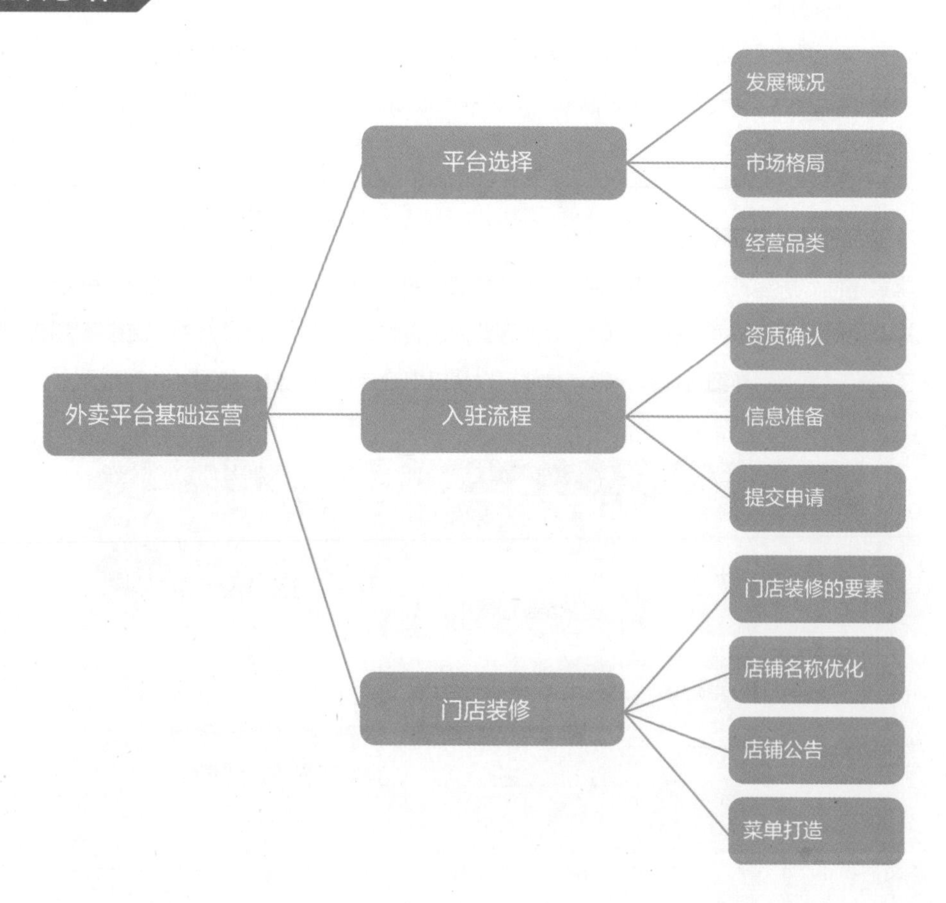

4.3 酒店旅行平台基础运营

引导案例

2016年，转业消防员张建回到家乡开了一家小酒店，但生意并不好，激烈的市场竞争使他意识到，如果仍然依靠传统的经营模式，酒店将持续面临经营困局。

2017年，张建决定将酒店上线到“美团酒店”平台，希望能借助美团酒店提升曝光度。借助美团酒店提供的工具，张建清晰地了解到酒店的用户画像、消费习惯以及酒店周边的竞争趋势，基于这些数据，张建制定了更加科学的经营策略。

2018年，张建专门参加了运营培训班，系统学习生活服务平台的运营知识。此后，他迅速把自己学到的理论与经验投入实践，利用自己的数据和周边其他酒店进行对比、寻找差距、改善服务。不到1年时间，这家酒店就成功挤进了该地区同行消费间夜量排行榜的前列。

那么，酒店旅行在线平台具体是指哪些？如何才能更好地在酒店旅行平台上开展运营？

4.3.1 平台选择

中国经济高速发展，消费者的需求也在迅速迭代。酒店行业作为传统行业之一，在面对各种新事物与新变化时，其管理往往相对滞后。在信息科技发达的今天，各行各业早已涌现大量的互联网运营人才，而酒店行业在线上运营管理方面，尤其是面向在线旅行社（online travel agency，OTA）领域，既缺乏专业化的人才队伍，又没有体系化的知识储备。

同时，随着旅游人数的不断增加，以及新一代年轻消费者步入社会，民宿行业也获得了快速的发展。但是民宿行业线上运营人才的供应也没有跟上社会需求增长的脚步，这一点也成为民宿行业进一步发展的阻碍因素。

酒店和民宿，看似都是为用户提供住宿，但因为其发展阶段和产品形态的不同，在具体的线上运营上也存在较大差距。要想做好酒店线上运营和民宿线上运营，需要分别针对两者的特点和运营重点进行研究，同时也要结合两者的相同点，互相吸取经验，实现优化提升。一般来说，酒店的线上运营工作主要面向在线旅行社类的平台，民宿的线上运营工作主要面向在线民宿类的平台。

1. 在线旅行社类

在线旅行社（以下简称 OTA）是销售线下旅游服务的中介，行业具备“低频次、高单价”的特点。OTA 为消费者提供了便利，为商户提供了客源，同时还解决了消费者预订机票、酒店、旅游门票时分散耗时以及信息不对称的出行痛点。OTA 为使用者提供了比价、预订、在线支付等一站式服务，同时满足了商户提升上座率或入住率的需求。

经营酒店的商户可以使用的在线旅行社主要包括携程酒店、美团酒店、同程酒店、飞猪酒店。如图 4-17 所示，商户一般都会将同一家酒店上线到不同的平台。

图 4-17

2. 在线民宿类

民宿是源于欧洲乡村地区的一种旅游业态，最初以提供简单的住宿与早餐为基本模式。经历百余年的发展，民宿从乡村走向城市、从农场走向景区，成为区域性旅游品牌的重要构成。

在线民宿，主要是通过互联网构建一个双边市场交易平台，将房东和房客都集中到这一平台中，通过降低信息不对称和搜寻成本提高房源与房客的匹配效率，而提供交易的平台可以从中获取一定数额的中介费用。

简单理解，在线民宿就是利用在线交易平台的力量，为民宿行业拓展客源，同时也满足了用户的多样化需求。

在线民宿的快速发展，得益于其两大优势。第一，相比于酒店预订，在线民宿平台房源覆盖广、种类多、消费形式灵活、性价比高，用户可在同等价位下享受酒店所不能提供的个性化体验；第二，相比于传统线下民宿，在线民宿平台房源的丰富性为租客提供了更多选择；展示信息形式的多样性提高了沟通效率，降低了交易双方的信息不对称性；平台的保障机制能有效降低预订和支付环节产生的交易风险。

除了之前提到的几家在线旅行社也经营民宿业务外，以民宿业务为主的爱彼迎也很受欢迎。

4.3.2 入驻流程

选择好了平台之后，商户或者运营人员就需要准备申请资料和启动申请入驻流程。如图 4-18 所示，常规的申请信息共包含 8 部分：酒店信息、房型信息、酒店政策、设施设备、酒店图片、资质证件、结算信息、合同信息。运营人员需提前准备申请资料，以免因为材料不全等问题造成申请失败。下面以酒店入驻为例进行介绍。

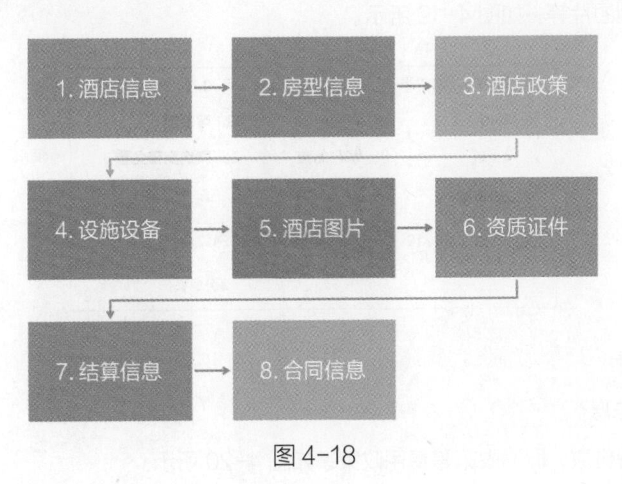

图 4-18

1. 酒店信息

申请材料填写的第一步——酒店信息。这里的酒店信息是指酒店综合信息，包括基本信息、详细信息和联系人信息 3 部分。

（1）基本信息。

商户需要填写的酒店基本信息，包括酒店类型、详细分类、酒店名称、酒店电话、酒店地址、地理经纬度、总机号码。

（2）详细信息。

商户需填写的酒店详细信息，包括酒店星级、开业日期、客房总数、酒店可接待人群、酒店简介、房价类型等。

（3）联系人信息。

通常，商户填写的联系人信息包括联系人姓名、联系人电话、联系人邮箱等。平台通知会发送到联系人的手机或邮箱，联系人务必保证电话可接听、邮箱可接收的工作状态。

2. 房型信息

申请材料填写的第二步——填写房型信息。通常，酒店设有多种房型，商户需要填写每类房型的基本信息，以便客人在预订时了解。

商户必填的房型信息包括以下两类。

（1）房型物理属性。

包括房型名称、标准房型、房间数、可住人数、面积、楼层、窗户、床型、加床、宽带、可否吸烟、房型描述、房型图片等，如图 4-19 所示。

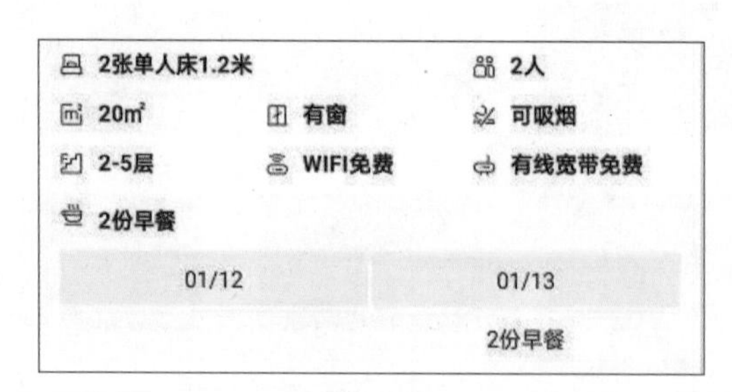

图 4-19

（2）房型售卖信息。

包括房价、早餐份数、取消政策等费用政策，如图 4-20 所示。

费用政策　加早:¥58.00
加床:该房型不可加床
停车场:免费停车场

图 4-20

完成一类房型信息填写后，商户可以在保存后，再继续添加新增房型，也可以编辑、修改该房型的信息。

3. 酒店政策

申请材料填写的第三步——酒店政策。酒店的入离时间、儿童政策等信息，商户必须按照实际情况填写。酒店政策会影响客人后续的入住体验，如图 4-21 所示。

政策

入离时间

入住时间：14:00以后　　离店时间：12:00以前

儿童及加床

酒店允许携带儿童入住。

酒店不提供加婴儿床和加床。

不接受18岁及以下客人在无监护人陪同的情况下入住。

加床及儿童政策取决于您所选的房型，若超过房型限定人数，或携带儿童年龄不在政策描述范围内，可能需收取额外费用，您提出的任何要求均需获得酒店的确认

宠物

不可携带宠物

图 4-21

例如，酒店为非 24 小时前台，就需要填写本店入住时间的最早和最晚期限。客人在预订过程中，会关注这些信息。一旦这些信息未准确告知，将有可能出现无法入住等严重影响客户体验的情况。

4. 设施设备

申请材料填写的第四步——设施设备。商户需要勾选酒店自有的设施设备，保证不遗漏、不乱选。由于平台上的酒店星级是参考酒店设施、房型、房价、点评、服务等因素综合评定而得出的，一旦设施勾选出现问题，可能会对后续的星级评定产生影响，如图 4-22 所示。

浴室	独立淋浴间，独立卫生间，洗浴间电话，吹风机，浴室化妆放大镜，洗浴用品，浴衣免费，浴巾，24小时热水，拖鞋，卫生纸
洗浴用品	牙刷，牙膏，沐浴露，洗发水，护发素，浴帽，香皂，梳子，剃须刀，毛巾
便利设施	客房Wi-Fi免费，房间内高速上网，空调免费，沙发，暖气，自动窗帘，遮光窗帘，衣柜/衣橱，书桌，茶几，休闲椅，开夜床，床具:鸭绒被，床具:毯子或被子，备用床具免费，房内保险箱，电子秤，针线包，衣架，多种规格电源插座，110V电压插座，220V电压插座

图 4-22

5. 酒店图片

申请材料填写的第五步——酒店图片。酒店外观照片为必填项，需至少上传 1 张带有酒店招牌的图片、1 张独立的前台图片，以及公共区域、餐饮等类别图片。若已拍摄完成，可上传至对应相册中，如图 4-23 所示。

图 4-23

6. 资质证件

申请材料填写的第六步——资质证件。以商户入驻携程旅行为例，需提供的资质证件包括营业执照（必填）、个人证件（必填）、其他证件（选填）。未能按要求提供资质证明的商户，将面临无法在该平台上线的风险。

（1）营业执照（必填）。

营业执照信息为必填项，商户需填写以下内容：企业名称、法定代表人 / 经营者、住所 / 经营场所、经营范围、证件类型、统一社会信用代码、证件有效期、证件照片等。

（2）个人证件（必填）。

个人证件信息为必填项，商户需要提供法定代表人或经营者的个人证件信息，包括以下内容：证件类型、姓名、证件号码、证件正 / 背面照片、法人或经营者手持证件正面照。注意，个人证件的主体要跟法人或经营者保持一致，如需填写他人证件信息，须提供授权证明。

（3）其他证件（选填）。

除了必填的营业执照、个人证件信息外，若有消防检查合格证、税务登记证、特种行业经营许可证、卫生许可证、餐饮服务许可证等证件，应拍照上传。

7. 结算信息

申请材料填写的第七步——结算信息。成功上线售卖的酒店会与携程旅行定期结算款项，所以填写入驻资料时需提供结算信息。结算信息分为 2 部分：一是结算信息，包括结算周期、开票方式、账户名称、银行账号、开户银行、支行名称、银行行号等；二是发票信息，包括酒店是否提供专票、发票抬头、纳税人识别号、公司地址、公司电话、开户银行、支行名称、开户行账号等。

8. 合同信息

申请材料填写的第八步——合同信息。商户需要填写合同截止日期、酒店可接收合同签署短信的手机号，全部填写完成后，即可提交申请单。

接收合同签署短信的手机号需已完成实名认证，且手机号所属人姓名与提供的个人证件姓名一致。注意，接收合同的手机号还应该与预留给结算账号所属银行的手机号一致。

4.3.3　店铺装修

商户和运营人员将酒店或民宿入驻到线上平台之后，下一步就要进行店铺装修。店铺装修的效果是体现一个运营人员能力的关键性内容。通常来说，店铺装修主要包括信息维护和照片装修两部分。下面以酒店为例进行介绍。

1. 信息维护

酒店信息主要包括 6 部分，即酒店名称、酒店电话、酒店地址、酒店星级、酒店类型以及酒店介绍，如图 4-24 所示。

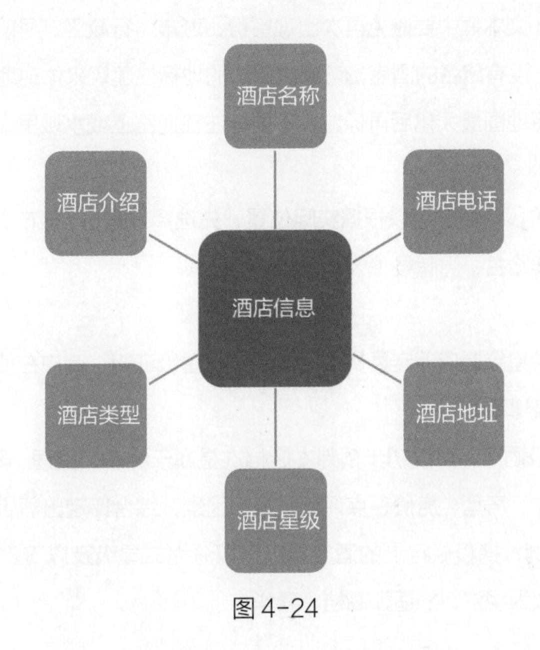

图 4-24

（1）酒店名称。

商户填写的酒店名称应以实际门店牌匾为准，名称必须以酒店 / 客栈 / 公寓 / 民宿等行业词作为后缀，如表 4-3 所示。

表 4-3

类型		格式	示例
非集团酒店	单店	城市 / 景区 + 酒店名称 + 行业词后缀	青岛豪邦大酒店
	分店	酒店名称 +（城市 / 景区 + 分店名称）	豪邦大酒店（青岛莱西店）
集团酒店	高星级	城市 + 路名 / 地标 / 商圈 + 品牌名称 + 行业词后缀	北京中关村皇冠假日酒店
	经济型	品牌名称 +（城市 / 景区 + 分店名称）	7 天连锁酒店（上海虹桥路店）

（2）酒店电话。

酒店电话通常填写的是总机号码，按照区号 - 电话号 - 分机号的格式填写，例如 ×××-××××××××-××××。若酒店无座机号码，可提供常用于客服的手机号码。

（3）酒店地址。

填写酒店地址时，在文本框中要避免再次出现省份、城市、行政区、导航路线、其他酒店名称等信息。极少数非常偏僻、没有路名的酒店，可通过周边的地标性建筑来体现地址信息。

在标注地图时，应将地图最大化后再标注，不要标注在道路上或水域里，地图标注点要与实际地址相符。

如果处于在线加盟阶段，商户可以根据实际位置，先选择好省份 / 城市 / 行政区等信息，再在文本框填写酒店所在的详细路名、门牌号（×× 路 ×× 号）。

（4）酒店星级。

若酒店拥有全国旅游星级饭店评定委员会颁发的挂牌星级证明，商户在填写酒店基本信息时可直接按照证书上显示的星级填写。

若酒店为非挂牌星级酒店，可以初步预判本店档次是属于经济、舒适、高档、豪华中的哪一档，平台后续会参考酒店设施、房型、房价、点评和服务等因素，综合评定出酒店星级。

以携程旅行平台为例，携程旅行上的酒店星级可以分为二星级及以下、三星级、四星级、五星级，对应的酒店档次依次为经济、舒适、高档、豪华。

（5）酒店类型。

不同的平台都对酒店类型进行了细分，商户首先要读懂平台的分类。以携程旅行平台为例，携程旅行将住宿产品分为酒店、客栈、酒店公寓、别墅、民宿、农家乐、青旅、特色住宿 8 种类型。商户要先了解每个类型的含义，再选择本店所属的类型，比如房屋形态有自身特色的酒店就属于特色住宿。部分客人在 OTA 搜索住宿产品时，会按照酒店类型进行筛选，这会对酒店流量造成影响。

（6）酒店介绍。

酒店介绍要确保语句通顺，无错别字，不提及酒店星级，无敏感字眼，字数 30 字～400 字。

酒店介绍内容可以包含酒店的地理位置、周边景点、地标性建筑、装修风格、设施服务等，但在描述距离时，最好加上“大约”“左右”等字词，同时避免使用“唯一”“最”等敏感字词。

2. 照片装修

除了信息维护，照片也是店铺装修的重点内容，特别是在生活节奏越来越快的今天，图片的重要性更加凸显。一张好图可以吸引很多人的浏览，一张差图则可能让很多用户流失。照片装修主要包括以下几点。

（1）照片满足基础标准。

不同的酒店民宿平台，对照片有不同的详细规范和要求，在准备酒店照片的过程中，首先需要满足平台的基本标准。通常包括最低限度尺寸以及最大限度大小等。

以携程旅行平台为例，酒店房型首图的最低限度尺寸为 550×412 像素，最大限度大小为 20 MB。

（2）提供优质照片。

满足基础标准后，对照片的选择主要依据拍摄质量和内容展示 2 方面，如表 4-4 所示。

表 4-4

	拍摄质量	内容展示
优质首图	高清、光线适中、色彩饱满、构图佳、拍摄主体明确、艺术美感佳	优势卖点内容凸显、精致的装修和人性化的设施、特色设计、山水景观、地理环境（依山傍海、森林环绕等）
不佳首图	模糊、过暗过亮、色彩灰暗、内容凌乱、拍摄主体不明或被遮挡	拍摄对象本身吸引力不够、质量低端、脏乱破旧、无优势卖点内容

具体来说，图片拍摄质量需要注意以下几点。

（1）注意图片的光线与色彩。

光线与色彩紧密相关，优质的图片明暗适中，没有大块过暗和过亮的色块，颜色鲜亮、通透。

（2）注意图片的构图和取景。

运营人员在图片准备过程中，要留意照片拍摄镜头的高低、远近和角度，将主体物完整纳入画面中，注意突出主体物，避免出现画面凌乱、主体不明的情况。构图完整、取景优良的照片适合用作首图。

（3）注意图片要突出酒店卖点或优势的内容。

酒店或者民宿的特色卖点可以从 3 个角度进行分析总结，分别是风景地理位置、特色设计、特色装修。

- **风景地理位置：**如一定范围内的高层建筑，可居高临下、俯瞰周边城景；或者是一些坐落在群山环绕的森林之中的酒店，应凸显江河湖景、山景。这些图片可以让用户感受入住后能欣赏到的独特景观，同时也能够体现出酒店的高档感，如图 4-25 所示。

图 4-25

- **特色设计：**指外观的特色设计，如泳池、海景、花园和别墅的设计，以及一些特殊时间段的特色景观等。
- **特色装修：**指酒店内部独居风格的装修。
- **注意房型首图的选择：**卧室 / 客厅的图片作为首图较为稳妥，带有客房设施的眺望类图片亦可。应避免使用卫生间图片，若卫浴设施非常突出（如有设计感的大浴缸加上优美的景观和软装布置），则可酌情考虑。

知识总结

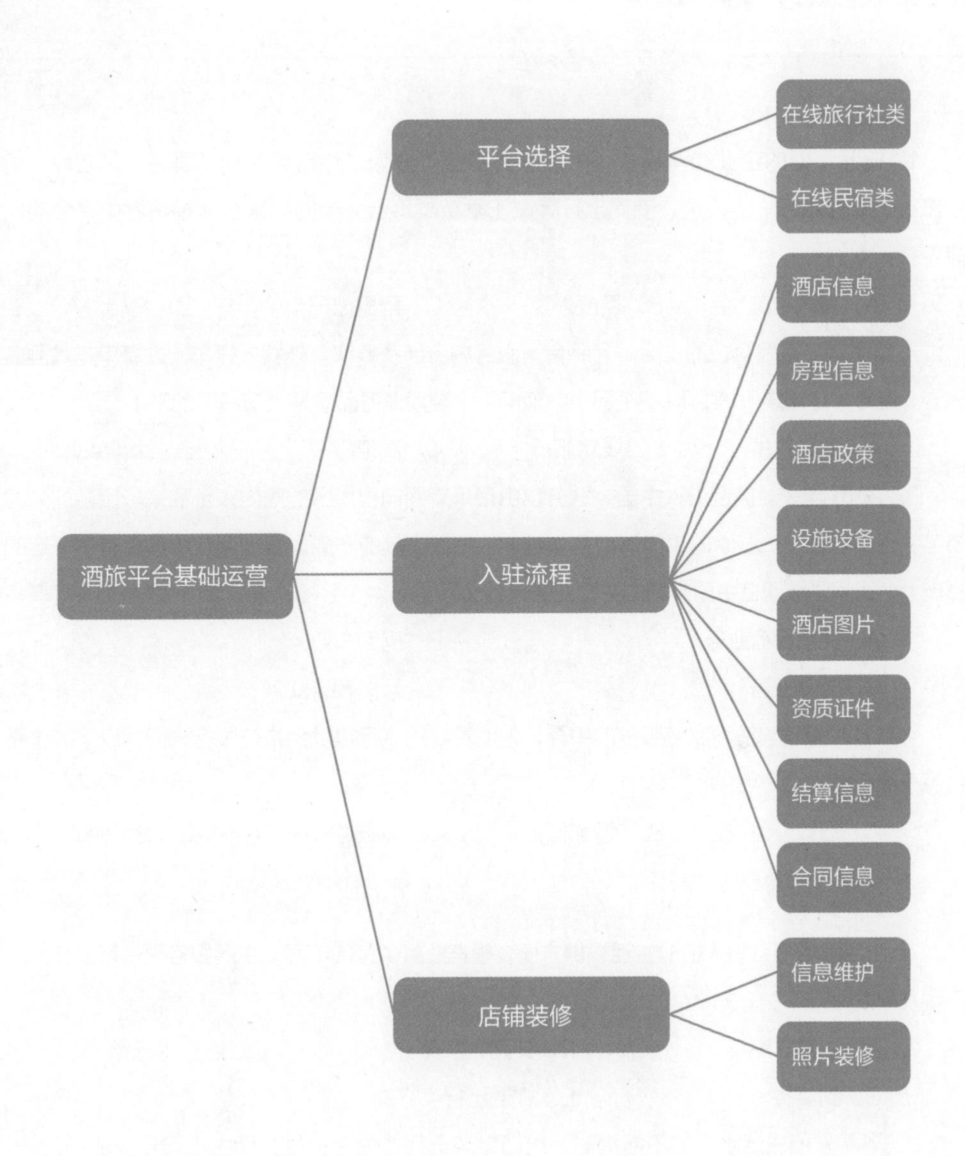
酒旅平台基础运营
平台选择
在线旅行社类
在线民宿类
入驻流程
酒店信息
房型信息
酒店政策
设施设备
酒店图片
资质证件
结算信息
合同信息
店铺装修
信息维护
照片装修

本章同步测试题

一、单选题

1. 按照不同的企业经营模式，生活服务平台可分为“综合类”和“垂直类”2种，携程旅行、同程旅行、爱彼迎、滴滴出行等属于垂直类平台，请问哪家企业是综合类平台的代表企业？（　　）

A. 首汽约车　　B. 百度外卖　　C. 阿里巴巴　　D. 青桔单车

2. 美团是一家综合性的生活服务平台，服务内容涉及餐饮、外卖、打车、共享单车、酒店旅游、电影、休闲娱乐等200多个品类，请问以下哪项业务品牌是美团旗下的？（　　）

A. 盒马鲜生　　B. 飞猪旅行　　C. 高德打车　　D. 大众点评

3. 2015年，爱彼迎进入中国，业务也由最早期面向出境游的国内人士和来华旅游的外国游客，逐步向在境内旅游的中国消费群体延伸。经过多年的布局，爱彼迎在中国具有了一定的影响力，请问爱彼迎在中国市场的主营业务是什么？（　　）

A. 民宿民宿业务　　B. 网约车业务

C. 外卖业务　　D. 票务预订业务

4. OTA是销售线下旅游服务的中介，为消费者的旅行提供全方位服务，问请以下哪个平台属于综合类的OTA企业？（　　）

A. 蚂蚁短租　　B. 携程旅行　　C. 爱彼迎　　D. 大众点评

二、多选题

1. 生活服务平台为人们的生活提供方便，根据业务类型的不同，生活服务平台可以分为以下哪几种类型？（　　）

A. 生鲜零售类　　B. 外卖到家类　　C. 酒店旅行类

D. 到店类　　E. 交通出行类

2. 随着人们生活水平的不断提高，出门旅游已经成为老百姓生活中不可缺少的一部分，一般人们出门旅游会用到的平台有哪些？（　　）

A. 高德地图　　B. 美团外卖　　C. 爱彼迎

D. 携程旅游　　E. 大众点评

3. 小明开了一家小吃店，主要经营本地特色小吃，为了让店面的生意更好，他想要入驻外卖平台，请问，小明申请入驻外卖平台，需要准备的资质材料有哪些？（　　）

A. 小明的身份证　　B. 小明的银行卡　　C. 厨师的身份证

D. 营业执照　　E. 食品经营许可证

4. 一份好的菜单能吸引顾客快速下单，因此，打造一份优秀的菜单，是外卖平台运营人员工作中非常重要的环节，请问，一份优秀菜单具体应该具备哪些基本特质？（　　）

A. 菜品分类少而精　　B. 菜品命名要实用

C. 主打菜品要突出　　D. 菜品图片要精美

E. 菜品排序有逻辑

5. 近年来，随着我国旅游市场规模逐步扩大，通过 OTA 选择服务已经成为消费者旅游出行的常态，请问，与传统旅游模式相比，OTA 的优势有哪些？（　　）

A. 丰富多元的产品选择　　B. 省时省力的信息查询

C. 高性价比的出行体验　　D. 方便快捷的产品预订

E. 全方位服务评价参考

三、判断题

1. 生活服务平台，又称“生活服务电子商务平台”，商户与消费者都在一个平台内进行公平交易，它跟传统的电子商务没有任何区别，都是为消费者提供商品的平台。（　　）

2. 餐饮外卖、家政物业、鲜花礼品、超商日用、水果、蛋糕等外卖派送服务隶属于外卖到家服务，目前开展此类业务的商户只有美团外卖和饿了么两大平台。（　　）

3. 经过多年发展，外卖市场领域已经形成了相对稳定的格局，仅两大巨头美团外卖与饿了么就占据了近九成的市场份额，其中美团外卖的市场占有率已超过 60%，大幅度超过饿了么。美团外卖的市场份额之所以大于饿了么，是因为在一线城市中，美团的单平台商户数量要远远高于饿了么。（　　）

4. 经营一家餐饮外卖店铺，菜单的打造尤为重要，好的菜单不仅能使顾客拥有更好的消费体验，还能直接引导顾客消费，有效提升店铺的订单量。（　　）

5. 店铺的装修是一家店铺外在形象的直接体现，决定着顾客对店铺的第一印象。对于消费者而言，实体店铺与外卖店铺虽然有着本质区别，但外卖店铺也需要恰到好处的装修，因为优秀的装修能提升顾客的消费体验。（　　）

四、案例分析

苏晨来自青岛，在北京工作，老家有一套 70 平方米的两居室，一直空置。为了不浪费资源，苏晨抽时间回去把房屋精心改造了一番，并打算入驻爱彼迎，成为一名房东。如果苏晨让你来帮忙申请入驻爱彼迎，你需要苏晨提供给你哪些信息？请结合本章所学内容进行罗列，并说明原因。